国家自然科学基金项目(52274195,52274196,52174180)资助
湖南省青年科技人才支持计划项目(2022RC1178)资助
湖南省自然科学基金项目(2022JJ20024)资助
湖南省教育厅科学研究优秀青年项目(21B0465)资助
湖南科技大学学术著作出版基金资助

U0168797

微波辐射下煤体热力响应及其流-固耦合机制研究

李 贺 林柏泉 施式亮 鲁 义 著

中国矿业大学出版社

·徐州·

内 容 提 要

本书针对我国煤层"高储低渗"的瓦斯赋存特征,提出了煤层微波辐射改性增透技术。全书共分7章,内容包括:微波辐射系统搭建、微波场内煤的多相多孔介质模型、多相煤体在微波场内的热力响应机制、微波场内煤体微观结构演化规律、微波场内煤体宏观结构演化规律、微波辐射下煤体流-固耦合特性分析、工程应用探讨。

本书可作为高等院校安全科学与工程、采矿工程等专业高年级本科生和研究生的教学参考书,也可供煤炭行业科技人员与管理人员参阅。

图书在版编目(CIP)数据

微波辐射下煤体热力响应及其流-固耦合机制研究/李贺等著. —徐州:中国矿业大学出版社,2023.11
ISBN 978 - 7 - 5646 - 3680 - 7

Ⅰ. ①微… Ⅱ. ①李… Ⅲ. ①微波技术－应用－煤层瓦斯－油气开发 Ⅳ. ①TE37

中国国家版本馆 CIP 数据核字(2023)第 224052 号

书　　名	微波辐射下煤体热力响应及其流-固耦合机制研究
著　　者	李　贺　林柏泉　施式亮　鲁　义
责任编辑	黄本斌
出版发行	中国矿业大学出版社有限责任公司
	(江苏省徐州市解放南路　邮编 221008)
营销热线	(0516)83885370　83884103
出版服务	(0516)83995789　83884920
网　　址	http://www.cumtp.com　E-mail:cumtpvip@cumtp.com
印　　刷	江苏淮阴新华印务有限公司
开　　本	787 mm×1092 mm　1/16　**印张** 11.75　**字数** 223 千字
版次印次	2023 年 11 月第 1 版　2023 年 11 月第 1 次印刷
定　　价	48.00 元

(图书出现印装质量问题,本社负责调换)

前　言

　　矿井瓦斯不仅是一种灾害源，也是一种绿色能源。针对我国煤层"高储低渗"的瓦斯赋存特征，强化瓦斯抽采技术被广泛提出，其核心思想是通过人为扰动改变煤层物性结构，增大渗透率，以达到促进瓦斯抽采的目的。然而，传统的煤层水力化增透技术极易导致水锁伤害，新兴的增透技术如液氮冻融法、酸洗法、溶剂萃取法、电爆震法等普遍存在工艺复杂、能耗高、污染重等问题。本书以煤层瓦斯的微波注热增产为背景，以微波辐射实验系统为基础，借助理论分析、物理实验及数值模拟深入研究了微波辐射下煤体热力响应及其流-固耦合机制，得到以下重要成果：

　　搭建了微波辐射实验系统，并建立了微波场内煤的多相多孔介质模型，利用该模型研究了煤的微波热力响应机制。发现煤中的液态水在微波辐射下蒸发为水蒸气并溢散到空气中，煤体温度的不均匀分布导致水分蒸发呈现异步性，从而引起高压蒸气喷溢，继而造成煤体损伤；微波功率的提高会增大煤体升温的异步性及不均匀性；煤体含水饱和度越高，其在微波场内的升温速率越快。红外光谱、压汞、核磁共振和扫描电镜实验表明，微波能够促使煤中脂肪烃分解并以挥发分的形式脱除，高温高压气体冲击会导致闭合孔打开并相互连通，孔容增大；煤发生芳构化反应及缩聚反应，芳香度提高，微、小孔减少而中、大孔增多，孔隙比表面积减小。通过循环微波实验发现微波能够有效致裂煤体，提高微波功率有助于微裂隙扩展及相互贯通；随着微波辐射的持续，煤体承受的热损伤逐渐累积，裂隙长度与开度加大，加剧了对超声波的阻断效应，从而导致波速降低；另外，煤体非均质性越强，其在微波辐射下的破裂现象越显著；煤样含水率的增大也有助于微波致裂。

　　利用核磁共振仪研究了微波辐射对煤的脱水特性，利用接触角测试仪探讨了微波辐射对煤体润湿性的影响,利用渗透率测试仪揭示了微波辐射对煤体渗透性的影响,利用瓦斯解吸仪研究了微波辐射下煤体瓦斯储运机制。结果表明,微波辐射导致煤中亲水性含氧官能团减少,润湿性减弱,从而有助于水锁效应的解除;随着原始煤样含水率的增大,其渗透率呈负指数降低,微波辐射后,干燥煤样渗透率升高,随着煤样含水率的增大,微波增透率呈指数型增长;微波辐射会导致煤体瓦斯解吸速度加快,总解吸量增大,说明微波辐射改善了煤体孔隙结构,使得瓦斯更容易从煤基质及孔隙系统中运移出来。最后,建立了微波辐射煤层的电磁-热-流-固全耦合模型,利用该模型研究了微波辐射对煤层瓦斯储运的影响。结果表明,微波辐射下瓦斯解吸引起的基质收缩是导致煤体孔隙率、渗透率增大的关键因素;相对于常规抽采,微波注热条件下的累计瓦斯抽采量提高 43.9%;低功率连续微波注热既有利于保持较高的抽采效率,也有利于防止煤层过热;另外,煤层的微波热改造更适用于高瓦斯低透气性煤层。

本书是研究团队成员共同完成的成果,相关工作得到了国家自然科学基金项目(52274195,52274196,52174180)、湖南省青年科技人才支持计划项目(2022RC1178)、湖南省自然科学基金项目(2022JJ20024)、湖南省教育厅科学研究优秀青年项目(21B0465)以及湖南科技大学学术著作出版基金的资助。中国矿业大学出版社对于本书的出版给予了大力支持;在书稿整理过程中,湖南科技大学硕士研究生刘五车、何家威、田丽、徐超平、王小龙、郭晴宜、沈先华等做了大量工作,在此一并表示感谢。书中引用了许多国内外专家学者的文献资料,对这些专家和学者亦表示诚挚的谢意。

由于作者水平有限,书中疏漏之处在所难免,恳请广大读者批评指正。

著 者

2022 年 11 月

目　　录

1 绪 论

1.1 研究背景及意义

我国"富煤、贫油、少气"的能源结构决定了煤炭在国民经济中的重要地位[1],煤炭在我国一次能源消费结构中占比仍在55%以上[2]。以煤炭为主导的能源消费结构给矿井灾害控制和环境保护带来了双重压力:一方面,随着煤炭开采逐渐向地层深部转移,瓦斯动力灾害严重威胁着矿井安全,成为制约煤矿高效集约化开采的重要因素;另一方面,瓦斯是一种典型的温室气体,引起的温室效应是二氧化碳的30倍,直接排入大气层会造成严重的环境污染[3]。矿井瓦斯(煤层气)不仅是一种灾害源,更是一种优质的清洁能源,我国埋深在2 000 m以内的煤层气储量约为36.8万亿立方米,居世界第三位[4],其中,可采储量达10.87万亿立方米[5]。因此,加速煤层气产业发展具有保障国家能源安全、优化能源结构、降低煤矿瓦斯事故风险、实现温室气体减排等重要意义。

不同于砂岩和页岩,煤是一种双重孔隙介质,大部分瓦斯吸附于煤基质的超微孔隙内,其产出是一个复杂的解吸-扩散-渗流过程[6]。针对我国煤层"高储低渗"的瓦斯赋存特征,强化瓦斯抽采技术(ECBM)被广泛提出,其核心思想是通过人为扰动改变煤层物性结构,增大渗透率,以达到促进瓦斯抽采的目的[7]。传统的强化瓦斯抽采技术主要包括高压注水[8]、水力压裂[9]、水力割缝[10]及预裂爆破[11]等,这些技术虽取得了一定效果,但是仍普遍存在瓦斯抽采难、流量衰减快等一系列问题。同时,水力化措施向煤层中引入的水分极易导致水锁伤害,即会因毛细管效应对煤层孔隙、裂隙产生封堵作用,从而降低瓦斯抽采率[12],如图1-1所示。

近年来,许多新兴强化瓦斯抽采技术,如热驱替法[13]、液氮冻融法[14]、酸洗法[15]、电化学法[16]、溶剂萃取法[17]、注气驱替法[18]、声波激励法[19]、电爆震法[20]等发展迅猛,然而,这些技术都存在一定局限性:热驱替法、注气驱替法、声波激励法及电爆震法工艺复杂、能耗较高;液氮冻融法营造的低温环境不利于瓦斯解吸;酸洗法、电化学法及溶剂萃取法会造成严重的煤层污染。因此,亟须探索其他强化瓦斯抽采技术。

图 1-1　煤层水锁伤害示意图[12]

　　近年来,诸多学者提出煤层注热强化瓦斯抽采思路,张登峰等发现加热煤体会导致甲烷分子解吸量增大[21];蔡益栋(Y. D. Cai)等证实煤的高温热解(大于 400 ℃)可以引起含氧官能团及矿物质的流失,从而产生较多渗流孔、裂隙[22];沙赫塔莱比(A. Shahtalebi)等通过实验和模拟发现热激励能够有效增大瓦斯在煤基质中的扩散率[23];李志强等发现煤体渗透率会随温度的升高而增大[24];杨新乐等利用热-流-固多场耦合模型模拟了煤层注热开采过程中的瓦斯渗流规律,结果表明注热后瓦斯产量大幅增加[25];滕腾(T. Teng)等发现注热条件下的瓦斯解吸、水及挥发分脱除、基质破裂是导致煤体孔隙率、渗透率增大的主要因素,煤层注热能够将煤层气产量提高 70% 以上[26];萨尔马奇(A. Salmachi)等研究表明,利用热水驱替能够将煤层气抽采量提高 58% 以上,抽采速率提高 6.8 倍[27]。上述煤层注热技术主要通过热水或蒸汽对流将热量传递到煤体表面,再以热传导的方式将热量传递到煤体内部,这种加热方式时间长、效率低;另外,水或蒸汽向周围岩层的热耗散不可避免,这会导致极大的能量损失;大量水分的引入还会加剧对煤层的水锁伤害。

　　近年来,微波加热以其热效率高、热惯性小、穿透力强、选择性、体积性加热的特点被广泛应用于食品、医疗、材料、化工、冶金、环保等领域[28]。随着工艺及设备的日趋成熟,微波加热也逐渐被应用到煤炭工业中,如煤的干燥[29]、制浆[30]、脱硫[31]、热解[32]等,而微波注热在矿井瓦斯抽采领域的应用鲜有报道。

　　自然界中的物质通常由极性分子和非极性分子组成,在电磁场作用下,这些极性分子从原来的随机分布状态转变为随电磁场做取向运动。在高频电磁场(如微波)的作用下,这些取向运动按交变电磁的频率不断变化,这一过程造成分子相互碰撞、摩擦从而产生热量。此时,微波电磁能转化为介质的热能,使介质温度不断升高,这就是对微波加热最通俗的解释[33]。当利用微波加热煤体时,由于水分子吸收微波能力较强,微波注热能够有效干燥煤体,解除水锁效应[34];

同时,微波选择性加热还会在煤体内部形成局部热应力,从而促进其孔、裂隙发育[35-36];另外,微波热效应也有利于瓦斯解吸。综上,微波注热具有强化瓦斯抽采的潜力,为探讨煤层瓦斯微波注热增产的可行性,需要深入研究微波辐射下煤体物性结构演化机制,为工程应用奠定理论基础。

1.2 国内外研究现状

1.2.1 煤体对微波的热力响应研究现状

材料的介电特性是决定微波热效应的关键因素,常温、微波频率下,煤的介电常数实部介于 1.62~2.49 之间,虚部介于 0.05~0.20 之间,而煤中液态水的介电常数实部和虚部分别高达 77 和 8.46[37]。此外,煤中的一些矿物质也具有较高的介电常数,例如:黄铁矿在常温下的介电常数实部和虚部分别为 7.9 和 1.2[38]。煤的介电常数与煤阶、元素组成、分子结构、含水率、矿物质含量、温度、电磁场频率等密切相关,煤的微波注热不仅涉及介质损耗产热问题,还涉及煤体导热、流体流动换热及水分蒸发散热等问题。因此,煤对微波辐射的热力响应过程极其复杂。

徐樑指出,随着温度的升高,煤中芳香碳层堆垛高度增大、层数增加,晶面层间距减小,高温有利于煤体结构向有序化发展,最终导致其介电常数的增大[39];蔡川川等利用传输反射法测试了 0.2~18 GHz 频率下高硫炼焦煤的介电常数,结果表明:原煤介电常数实部随频率的增大略有减小,虚部随频率的增大先减小后增大,煤中高岭石含量增加,介电常数实部、虚部均增大,方解石对介电性质基本没有影响,石英的作用介于二者之间,随着煤体粒度的增大,介电常数实部增大而虚部减小[40];樊伟(W. Fan)等研究发现山西无烟煤和山东烟煤的介电常数实部和虚部均随含水率的增大而显著增大[41];刘海玉(H. Liu)等研究发现:随着煤阶的升高,煤结构碳骨架堆积高度及芳香度逐渐增加(见图 1-2),这导致了煤体介电常数的增大[42]。

彭志伟(Z. Peng)等研究了两种微波频率(915 MHz、2 450 MHz)下烟煤在高温热解过程中的介电特性及其微波吸收能力,结果表明:在 500 ℃ 以下,煤的介电常数基本保持恒定,当温度超过 500 ℃ 后,其介电常数迅速增大,这是因为高温导致挥发分的大量散失从而提高了煤体导电性[43];皮克尔斯(C. A. Pickles)等研究发现,在 100 ℃ 以下,煤中水分蒸发缓慢,大量束缚水转变为游离水,从而导致煤体介电常数增大,当温度超过 100 ℃ 后,水分大量蒸发导致煤体含水饱和度减小,介电常数开始降低,因此,在此温度段,水分含量及其赋存状态是影响煤体介电常数的关键因素[44];王秋颖(Q. Wang)等发现煤中水分的不均匀分布还会导

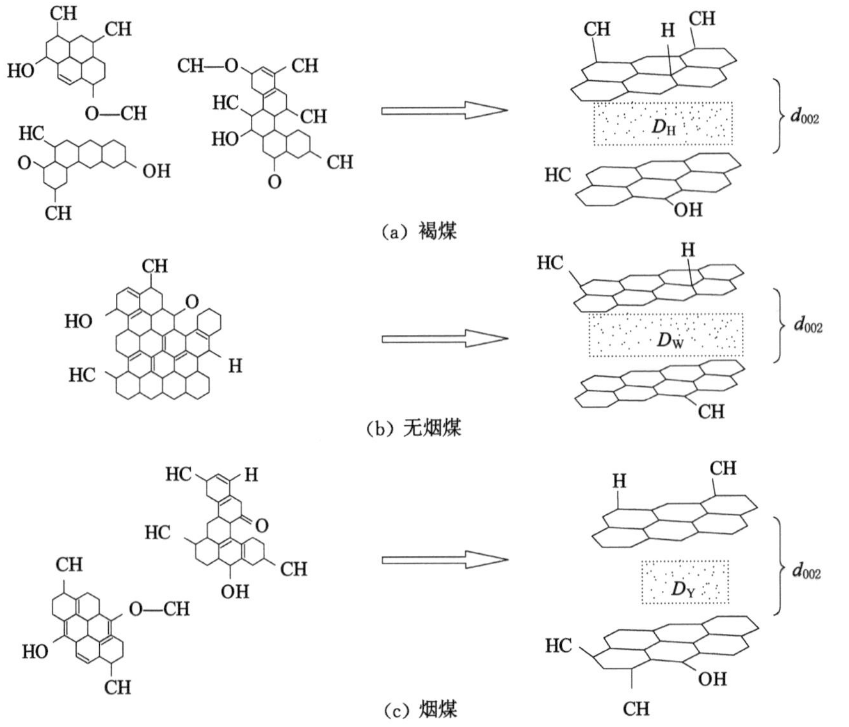

图 1-2 褐煤、无烟煤及烟煤的分子堆叠结构[42]

致煤体出现介电各向异性[45];马兰(S. Marland)等设计了一组实验对比煤在升、降温过程中的介电常数变化,发现在升温过程中,煤中水分蒸发导致其介电常数先增大后急剧减小,而在降温过程中,由于煤体比较干燥,介电常数缓慢减小,此现象证实了水是影响煤介电特性的关键[38]。

随着温度的升高,煤体含水率及其分子结构均会发生改变,这会导致煤的介电常数、比热容、导热系数的改变,再考虑到水的蒸发散热及煤体表面对流换热因素后,微波辐射下煤的热力响应就变得非常复杂。研究表明,煤在微波场内的升温速率是逐渐降低的[46];朱洁丰(J. F. Zhu)等通过淮东煤微波热解过程中的热重分析得知:在微波热解过程中存在两个质量损失阶段,一个是脱水阶段(97~180 ℃),另一个是脱挥发分阶段(300~900 ℃),随着微波功率的提高,煤的升温速率呈线性增大,而煤样粒径对其升温特性影响较小[47];王晴东、宋占龙(Z. Song)等的研究表明:微波功率越高煤体干燥速率越快,第二次升温也越早,水分蒸发和热对流导致煤体表面温度低于内部温度[48-49];周凡发现煤颗粒的粒径越大,蓄热效果越好,颗粒中心温度越高,促使内部水分向表面迁移的动力越大,另外,在煤中添加活性炭或石墨能够显著提高其升温速率和最终温度[50]。

综上,微波辐射下煤中水分蒸发对其热力响应影响较大。

1.2.2 微波场内煤体物性结构演化研究现状

煤体物性结构包括分子结构和孔裂隙结构,微波热效应可能会导致煤中某些化学键或非化学键断裂,从而改变其分子结构;水分及矿物质的脱除可能会影响其孔隙结构;而微波选择性加热产生的热应力可能会改变其裂隙结构。微波辐射下煤体物性结构演化机制是研究煤与微波交互作用的基础。

1) 在分子结构演化方面:周凡(F. Zhou)等利用傅里叶变换红外光谱证实微波辐射会导致煤中含氧官能团等亲水性基团减少,脂肪烃与芳香烃的比值降低,这说明微波热效应加剧了煤化作用,利用 X 射线衍射发现微波会提高煤的结晶度,另外,随着微波作用时间的延长,煤体亲水性逐渐降低[51];葛立超(L. Ge)等分析了微波辐射下煤体元素分布及红外特征参数变化,结果表明:微波辐射能够破坏煤中的不稳定结构,提高固定碳含量、芳香度及热值并降低氧/碳原子比,这说明微波可以导致煤阶升高,另外,还发现微波对低阶煤的提质作用更强[52];钮志远研究了微波场内煤中官能团的热解机理,他指出:370 ℃左右煤中 C═O 开始大量热解,而脂肪烃的热解主要发生在 400 ℃以上,芳香烃 C—H 键会随着苯环取代基的脱落而增加,而芳香烃 C═C,C—O 和—OH 键则随着温度升高逐渐减少,低阶煤的热解主要克服的是氢键键能,而高阶煤的热解主要克服的是共价键键能[53];方来熙对常规热解及微波热解过程中煤焦表面官能团进行了量化,结果表明:煤焦含氧官能团的热稳定性为:C—O—COOH<C═O<—OH,微波焦的平均链长比常规焦短且芳香度小于常规焦[54];葛立超对 5 种低阶煤微波提质前后的微观形貌及化学结构进行了研究,发现经过微波改性后,低阶煤活性基团分解,致密度增加,凝胶式结构被破坏,不稳定组分减少[55]。

2) 在孔隙结构演化方面:董超等指出随着微波作用时间的延长,煤体孔隙率先增大后减小[56];宾纳(E. Binner)等发现在微波炼焦过程中煤的孔隙率逐渐增大[57];宋占龙(Z. Song)等利用扫描电镜观察到在微波干燥过程中,煤体表面逐渐变得破碎并衍生出很多毛细管状孔隙,见图 1-3[58];荣令坤(L. Rong)等证实微波干燥有利于煤体内部闭合孔的打开[59];朱洁丰(J. F. Zhu)等推断微波脱水产生的收缩力可能会导致煤体部分孔隙坍塌[47];周凡(F. Zhou)等发现延长微波作用时间或在煤中添加 NaCl 溶液可以降低孔隙分形维数和比表面积[60];尚晓玲(X. Shang)等对比了不同干燥方式对煤体孔隙结构的影响作用,结果表明:相比于真空干燥与热风干燥,微波干燥能够得到更大的比表面积和总孔体积[61];胡国忠等利用液氮吸附法和压汞法开展了可控微波场作用下煤体孔隙结构测定,结果显示:随着微波作用时间的增加,煤体比表面积和总孔体积呈"降-升-降"的趋势,第一次下降是由于热应力导致煤骨架收缩、部分孔隙闭合,上升原因在于水及有机小分子的脱除,第二次下降是矿物质胶结堵塞引起的[62];代少华利用低场核磁共振测定了微波辐射下煤体孔隙分布特性并发现煤样总孔隙及微孔容积呈"升-降-升"的趋势[63];刘建忠(J. Z. Liu)等将微波对褐煤孔隙结构的作用机制归结为三个方面:收缩力塌孔、射流力疏孔、有机大分子热解。在三种机制的综合影响下,褐煤比表面积逐渐减小,而平均孔径和总孔体积逐渐增大[64]。

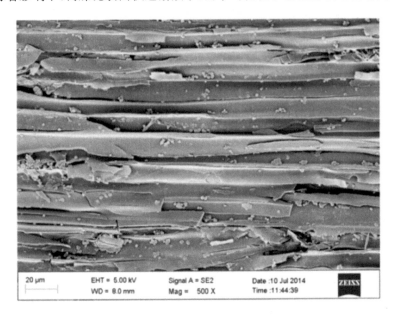

图 1-3　微波干燥后煤体扫描电镜图[58]

3) 在裂隙结构演化方面:马修斯(J. P. Mathews)等利用高精度 X 射线计算机断层扫描技术(X-ray CT)观察到原始亚烟煤裂隙中矿物质充填严重,在经历 50 ℃ 热空气干燥两周后,煤基质收缩导致裂隙开度不断增大、扩展并相互连通,如图 1-4 所示[65];皮克尔斯(C. A. Pickles)等利用扫描电镜发现微波干燥同样可以导致亚烟煤裂隙发育[44];王逸才(Y. Wang)等利用 ANSYS 模拟了方解石与黄铁矿混合物的微波加热过程,发现黄铁矿的介电常数远大于方解石,因此在微波场中的升温速率也较快,两种矿物边界处极高的温度梯度导致热应力产生,进而催生出新的裂隙[66];托伊夫尔(M. Toifl)等利用时域有限差分法(FDTD)研究了微波加热非均质硬岩的应力分布并指明岩石非均质性与各向异性是导致其热应力超过抗拉强度的主要原因[67];阿里(A. Y. Ali)等采用 PFC 模拟了微波注热过程中矿物微裂隙的发育情况,发现随着微波功率的提高,微裂隙数迅速增多且能耗减少[68];库马尔(H. Kumar)等对加载与非加载条件下的烟煤进行高能微波辐射,并利用光学显微镜和微焦点 X 射线计算机断层扫描观察了辐射前后煤体内部裂隙的分布规律,结果表明:微波辐射不仅能够增大原生裂隙开度还能催生出新裂隙[35]。

图 1-4　煤体干燥过程中 X 射线计算机断层扫描图[65]

1.2.3　微波影响煤层气储运研究现状

　　煤中流体主要包括水和瓦斯,国内外学者对微波辐射下煤体水分迁移(即微波干燥)研究较为成熟,而对瓦斯储运和气固耦合尤其是微波注热下的热-流-固耦合研究较少。

　　1) 在水分迁移方面:周凡采用隧道式微波辐照系统揭示了褐煤微波干燥及热解提质机理:微波辐射能够有效降低水的表面张力并增大煤-水接触角,随着微波功率的提高,煤体脱水速率逐渐加快,进而导致褐煤初始含水率降低,煤体吸收微波能力减弱,脱水速率放缓,脱除单位质量水分所需能耗增加,而褐煤颗粒的增大,使得褐煤脱水加快且单位脱水能耗降低[50];景凯歌研究发现微波干燥过程可分为预热阶段、恒速干燥阶段和降速干燥阶段,表面自由水的脱除主要发生在前两个阶段,而降速干燥阶段则主要脱除的是褐煤内部的结合水,当微波功率为 560 W 时,褐煤干燥效率最高[69];宋占龙(Z. Song)等证实在微波干燥过程中,煤体内部产生的水蒸气压力可以达到 2 atm(0.2 MPa),正是这种压力驱动了孔隙结构内的水分运移[58],随着微波功率的提高或颗粒半径的增大,煤中水的有效扩散系数由 2.20×10^{-7} m²/s 增大到 2.43×10^{-6} m²/s[48]。

　　2) 在瓦斯储运方面:代少华、温志辉等以颗粒煤为研究对象,利用微波发生器进行辐照,并进行了瓦斯等温吸附实验,结果表明:随着微波作用的增强,瓦斯吸附常数 a 呈"升-降-升"的变化趋势,而吸附常数 b 无明显变化,瞬时解吸量和累积解吸量呈"升-降-升"的变化规律,对瓦斯吸附起决定作用的微孔比表面积与微孔体积也呈现出上述变化趋势[63,70];黄兴通过实验发现,微波对煤体孔隙结构及瓦斯吸附解吸的影响主要表现为电磁辐射热效应与损伤效应,不同功率微波作用下煤样的瓦斯吸附曲线趋于一致,微波辐射降低了煤对甲烷分子的吸附能力,在瓦斯吸附量减少的前提下,受辐射煤样的瓦斯放散速度略有增大,说明微波辐射增强了煤中瓦斯的放散能力[71];胡国忠等研究了可控微波场对瓦斯吸附解吸特性的控制作用,结果证实:可控微波场作用前后煤样的瓦斯吸附曲线均遵守朗缪尔(Langmuir)方程,微波对煤体孔隙结构及瓦斯吸附的影响是不可逆的,且随着微波辐射能量的增加呈非线性变化,一方面,微波辐射热效应导致煤体温度升高,从而增大了煤与甲烷分子的作用势,导致煤体吸附甲烷能力降低,另一方面,微波辐射导致甲烷气体分子动能增加、煤体瓦斯扩散通道被疏通,从而提高了瓦斯解吸与扩散能力[62,72];张乐乐研究了微波辐射下含瓦斯煤体的解吸渗流规律,结果表明:煤样渗透率随有效应力的增大先减小后增大,当有效应力较低时,渗透率随温度的升高而增大,当有效应力较高时,渗透率随温度的升高而减小[73];王志军设计了微波间断加载实验,结果表明微波辐射时间越长,瓦斯解吸量越大、解吸率越高,当微波辐射达到 40 s 时,瓦斯解吸量增加 290%,解吸率达到 87%,解吸速度提高 1 020%[74]。

1.2.4 微波辐射的电磁-热耦合研究现状

微波辐射热效应涉及电磁场与传热场的交互耦合,国内外学者通过将麦克斯韦(Maxwell)方程或朗伯(Lambert)方程代入傅里叶(Fourier)方程对微波辐射的电磁-热耦合效应进行了大量研究。李春香依据 Fourier 方程构建了微波传热模型,并采用 Lambert 定律计算了微波吸收功率,最后利用有限差分法(FDM)计算了温度场分布[75];瑞坦纳(P. Rattanadecho)发现微波频率、辐射时间及样品尺寸对微波注热有一定的影响[76];孙鹏等通过三维微波加热腔的建模与仿真发现样品大小和位置对微波吸收效率影响较大,多溃口激励有利于提高物料的受热均匀性[77];邵舒啸对大型隧道式微波加热系统进行了参数化建模,并利用有限元频域分析法求解了偏微分方程,得到连续流体微波加热的温度场分布[78];王瑞芳等针对微波加热不均匀现象,利用多用途离散元素法建模软件(EDEM)与康模数尔软件(COMSOL)将电磁场与运动场耦合,模拟了导电粒子对微波腔电场分布的影响,结果表明:固定间距的随机运动导电粒子可以提高微波腔内的平均电场强度及电场分布的均匀性[79];洪溢都(Y. D. Hong)等利用电磁-传热单向耦合模型模拟了多模谐振腔中煤的升温规律,结果表明:微波频率、功率及煤样位置对其微波热力响应影响较大[80]。上述研究通过将电磁功率损耗作为热源代入传热方程实现了微波热效应的数值模拟,然而均未考虑温度对材料介电常数的影响,即都是电磁场向传热场的单向耦合。

近年来,多位学者通过导入介电-温度函数建立了微波注热电磁-传热全耦合模型。刘士雄(S. Liu)等通过介电-温度循环迭代研究了旋转状态下食物的微波加热机制[81];阿塞维多(L. Acevedo)等证实电磁-传热全耦合模型比单向耦合模型更为精确[82];瓦兹(R. H. Vaz)等利用非侵入性光谱投影法研究了微波频率与介电常数的波动性对陶瓷微波注热的影响,结果表明:微波频率的波动增大了电磁场分布的随机性,介电常数的波动会对温度场分布产生极大影响[83];萨莱玛(A. A. Salema)等研究表明,传统微波注热模型的温度-时间曲线往往呈线性,在低温段与实验结果较为吻合,而在高温段一般高于实验值,这是水分蒸发所致[84];哈尔德(A. Halder)、古拉蒂(T. Gulati)等在电磁-热耦合的基础上引入了多孔介质的多相传质模型,充分考虑了水的相变对电磁场、传热场的控制作用,并通过实验验证了模型的精确性和可靠性[85-86]。

1.2.5　煤层气储运的热-流-固耦合研究现状

煤层气的赋存状态主要包括吸附态和游离态,其产出包括解吸、扩散和渗流,煤层物性结构演化及应力扰动对煤层气储运影响极大,因此,煤层气储运是一种复杂的流-固耦合行为。毕奥(M. A. Biot)基于不可压缩流体在多孔介质内的流动符合达西定律的假设,建立了完善的流-固耦合理论[87];在煤层流-固耦合方面,巴拉(L. Balla)考虑了气体吸附对渗透率的影响,从而建立了钻孔瓦斯抽采的流-固耦合模型[88];梁冰等基于塑性力学内变量理论建立了煤层瓦斯突出的气-固耦合模型[89];瓦利亚潘(S. Valliappan)等联立煤体变形、两相流及流体质量传输方程得到了煤层瓦斯运移的气-固耦合控制方程[90];孙可明将煤层抽象为双重孔隙介质,建立了低渗透煤层气水两相流-固耦合模型[91];李祥春等将瓦斯吸附膨胀应力引入煤体有效应力公式中[92];朱万成(W. C. Zhu)等研究了低渗煤层流-固耦合中的克林肯贝格(Klinkenberg)效应[93];张宏斌(H. Zhang)等探讨了瓦斯吸附/解吸引起的煤基质膨胀/收缩对煤体渗透率的控制作用[94];煤是一种双重孔隙介质(包括煤基质与裂隙),煤基质的孔隙率较高、渗透率极低,而裂隙的渗透率较高,考虑到煤的这种特性,吴宇(Y. Wu)等首创了煤的双重孔隙模型,并利用该模型研究了瓦斯在煤层孔、裂隙系统间的质量交换[95];王建国(J. G. Wang)等开发了流-固全耦合有限元模型,该模型将煤体吸附变形、非达西流及气体扩散联系在一起,定量研究了扩散时间、非达西效应及煤体压缩之间的关系[96];基于煤体各向异性假设,刘继山(J. Liu)等建立了定量描述基质变形和裂隙开合的全耦合模型,并将这种演化关系与渗透率演化对应起来[97]。

温度场、渗流场与应力场的交互耦合简称热-流-固耦合(THM),国内外学者围绕 THM 的研究大多集中在地热开发、核废料处理及石油注热开采领域,柏尔(J. Bear)等基于热弹性理论研究了热水注入含水层过程中的流体压力、温度及地层位移的变化规律[98];魏长霖等基于太沙基(Terzaghi)有效应力原理建立了石油注热开采过程中岩石骨架的应力分布模型,得到了热应力、水压力和岩石应力的分布规律[99];为探讨地温对页岩气渗流的影响,卢义玉等从流体动能、骨架应变和吸附解吸三个方面,分析了页岩热应力、热膨胀应变、页岩气解吸引起的基质收缩随温度的变化规律,得出了热-流-固耦合作用下页岩气的渗流特性[100]。

近年来,煤层气储运的热-流-固耦合效应逐渐成为研究热点,韩磊等建立了非等温条件下的瓦斯流动模型,将应力场和温度场代入渗流场中,却没有考虑渗流场和应力场对温度场的反作用[101];陶云奇建立了含瓦斯煤的 THM 全耦合模型,并利用 COMSOL 模拟了一维瓦斯渗流与突出现象[102];朱万成(W. C. Zhu)等研究表明,瓦斯解吸引起的基质收缩是影响煤体渗透率最重要的因素[103];曲鸿雁(H. Qu)等利用 THM 全耦合模型探讨了高温 CO_2 驱替对煤体渗透率的控制作用,结果表明:温度升高一方面会导致煤基质膨胀,另一方面会导致煤体吸附瓦斯能力的降低,从而引起煤基质收缩[104];李胜(S. Li)等提出了两相流条件下的 THM 全耦合理论,证实了新模型能够精确预测煤层气产量[105];陈冬(D. Chen)等以基质水为切入点综合考虑了非等温条件下水分对瓦斯吸附解吸、扩散与渗流的影响,建立了全新的煤层气储运模型[106];高峰(F. Gao)等利用 THM 全耦合模型探讨了水力割缝钻孔的卸压增透机制[107];夏同强(T. Xia)等建立了多组分气体的 THM 全耦合模型,并利用该模型深入分析了高瓦斯煤体自热效应及自然发火现象[108]。以上研究主要集中在煤层气的非等温储运上,而对主动提高煤层温度以实现煤层气增产的问题涉及较少。

张凤婕等利用 COMSOL 对 THM 模型进行求解并发现:煤层注热过程中,瓦斯逐渐由煤体深处向井筒附近运移,煤体渗透率在开采初期明显提高,但随着时间的延长逐渐趋于平缓,注热温度越高,渗透率越大,瓦斯产量越高[109];李志伟模拟了低渗透煤层高温蒸气压裂过程:注热 1 h 后,煤层渗透率提高近 10 倍[110];滕腾(T. Teng)等在综合考虑基质热膨胀、瓦斯热解吸、挥发分/水分热挥发及煤体热损伤的基础上,建立了富水煤体的 THM 全耦合模型[26,111],并利用该模型研究了煤层气地面井注热增产机制,结果表明:不同因素对基质/裂隙孔隙率/渗透率的影响作用各不相同且具有时间效应,基质热膨胀与热损伤会导致裂隙渗透率的降低,而热挥发和热破裂会促使裂隙渗透率的回升,注热增产主要归因于煤基质渗透率的增大,注热 30 年后,煤层气累计产量提高 70%;微波注热增产方面的全耦合模型较少,王红才(H. Wang)等借助 ANSYS 和 CMG 分析了微波注热对致密砂岩气的影响,结果表明:微波注热有利于驱除砂岩中的水分,从而提高气体相对渗透率,然而,该模型为单向耦合,网格密度和质量较为粗糙[112];崔宏达建立了微波注热煤层的 THM 耦合扩散渗流模型,利用 COMSOL 进行了单井采气模拟,结果表明:微波注热导致煤层气产量提高,然而,该模型未考虑温度对煤体介电常数的影响,其几何模型的工程适用性有待商榷[113]。综上,关于煤层气微波注热增产的热-流-固全耦合模型亟待研究。

1.3 存在的问题与不足

从国内外研究现状可知,微波在煤炭工业中的应用主要涉及干燥、制浆、脱硫、热解等矿物加工领域,利用微波热效应与非热效应对煤改性从而达到不同目的;关于微波辐射电磁-热耦合及煤层气储运热-流-固耦合方面也有大量研究成果。然而,仍存在以下问题与不足:

1) 目前,关于微波辐射下煤体热力响应的研究主要借助物理实验手段,包括煤的介电常数测试、微波谐振腔内煤体温度点监测及红外热成像等,微波注热设备的局限性及煤的非均质性导致温度测试误差较大,且缺乏理论验证。前人对煤在微波场中的升温表现大多停留在规律阐述,而对不同工况下的微波电磁场分布、煤体传热特性、煤中流体运移规律及煤的变形规律缺乏深入分析。

2) 微波对煤体物性结构演化的影响研究多集中在低阶煤高温热解提质领域,而对亚高温(热解前)中高阶煤物性结构及其对瓦斯储运的控制方面极少涉及,非均质煤受辐射时产生的局部高温对其分子结构、孔隙形态、连通性、孔径分布、比表面积及孔容等的影响缺乏理论与实验依据。另外,大量文献发现了微波对煤的助磨效果,而对微波辐射下煤体裂隙演化规律缺乏分析。

3) 微波注热在褐煤干燥领域的成功应用引起了研究煤体水分迁移的热潮,国外文献过多关注煤中液态流体(水等)的微波响应而对气态流体(瓦斯等)的微波响应的研究极为匮乏,部分国内文献研究了微波热效应下煤对瓦斯的吸附解吸规律,但对煤体渗透率的微波改造规律极少涉及,更没有探究微波辐射下富水煤体物性结构演化与其多相流体微波响应的内在联系。

4) 传统微波电磁-热耦合模型多为单向耦合,近年来考虑介电温度敏感性的全耦合模型得到极大发展,但是,对微波场下煤的电磁-热耦合效应依然缺乏研究,而在煤的微波注热中同时考虑温变介电、固体损伤、流体蒸发及网格变形的电磁-热耦合模型未见报道。煤层气储运的热-流-固耦合理论日趋成熟,而引入电磁场后的微波注热增产缺乏理论支撑。

1.4 研究内容及思路

针对国内外研究存在的问题与不足,围绕微波辐射下多相多孔煤体电磁-热-流-固耦合特性,本书将开展以下研究:

1) 利用数值模拟,探讨微波辐射下煤体热力响应机制。首先,深入分析微波辐射热效应,搭建微波辐射实验系统;然后,建立微波辐射煤的多相多孔介质模型;最后,对不同工况下煤体传热传质特征进行敏感性分析。

2）首先,利用红外光谱研究微波辐射下煤体分子结构演化机制;然后,利用扫描电镜及能谱仪、核磁共振仪及压汞仪研究微波辐射下煤体孔隙结构演化机制;最后,揭示微波辐射下煤体孔隙结构演化机理。

3）设计循环微波实验,在实验前后,利用红外热成像仪捕捉煤样表面温度分布,利用数码相机采集煤样表面图像,并采用岩石声波参数测试仪测量煤样超声波波速;最后,揭示微波辐射下煤体宏观结构演化机理。

4）首先,对微波辐射下煤体脱水特性进行动力学分析;其次,探讨微波辐射对煤体润湿性的影响机制;然后,对微波辐射前后煤体渗透性做定量分析;最后,揭示微波辐射下煤中瓦斯的储运机制。

5）在研究微波辐射煤层的电磁-热-流-固耦合效应时,首先对微波辐射煤层进行可行性分析;其次,在综合考虑微波热效应、热膨胀、热解吸、传热传质及吸附变形的基础上建立电磁-热-流-固全耦合模型;然后,利用该模型探讨煤层热演化及多场耦合效应;最后,对煤层微波注热增产进行敏感性分析。

2 微波辐射系统及煤的 多相多孔介质模型

为达到本书的研究目标,需要借助物理实验及数值仿真对煤在微波场内的响应特性进行研究,本章首先探讨了微波辐射热效应,然后介绍了微波辐射实验系统,最后利用 COMSOL 多物理场耦合软件建立了微波场内煤的多相多孔介质模型,为后续研究奠定了基础。

2.1 微波辐射热效应

2.1.1 微波概述

电磁辐射,又称电磁波辐射,是同相振荡且互相垂直的电场、磁场在空间中以波的形式传递能量的现象,温度大于绝对零度的物体(除暗物质外)都会发射电磁辐射。频率或波长是电磁波的主要特征,电磁波谱是依照电磁波频率的大小将其按序排列起来,见图 2-1。

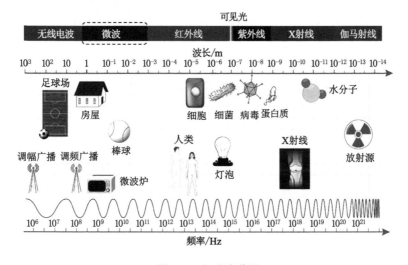

图 2-1 电磁波谱图

由图 2-1 可知,在无线电波和红外线之间存在一个特殊波段,即微波,其频率范围为 $3\times10^{8}\sim3\times10^{11}$ Hz,对应波长范围为 $10^{-3}\sim1$ m,因此,微波通常也被称为"超高频电磁波"[114]。为避免电磁波在通信领域的相互干扰,国际电信联盟对工业微波的应用频率做出限定[115](见表 2-1),其中,L 波段(中心频率为 915 MHz)和 S 波段(中心频率为 2 450 MHz)被广泛应用于微波加热领域[116]。

表 2-1　常用微波频率范围

波段	频率范围/MHz	波长范围/m	中心频率/MHz	中心波长/m
L	890～940	0.319～0.337	915	0.328
S	2 400～2 500	0.120～0.125	2 450	0.122
C	5 725～5 875	0.051～0.053	5 800	0.052
K	22 000～22 250	0.013 9～0.014 1	22 125	0.014

2.1.2　不同物质对微波的响应特征

由量子力学可知,物质中原子、分子的运动(转动)具有不同能级,由于微波波长与分子转动能级吻合,当微波辐射物质时会引起其中分子转动能级的跃迁,从而被物质吸收[117]。根据材料与微波的相互作用机制,可以将物质分为微波透明体、微波绝缘体和微波吸收体[38],见图 2-2。非极性物质(介电损耗较低)如石英、玻璃、陶瓷、云母和聚四氟乙烯等能够完全透射微波,被称为微波透明体,这类材料通常作为微波反应器;金属是典型的微波绝缘体,能够完全反射微波,通常被用以制作波导、微波腔体或用于微波检测(雷达的应用就是利用金属反射微波的原理);而极性物质如水、电解质等既能透射微波也能吸收微波,被称为微波吸收体[118]。

2.1.3　电介质的极化效应

虽然原子或分子含有相等的正、负电荷,整体表现为电中性,然而正、负电荷中心并不重合,因此,会对外呈现出极性。微波吸收体在外电场的作用下产生束缚电荷或电位移的介电响应现象称为极化,最常见的极化有电子极化、离子极化(原子极化)、分子极化(偶极子转向极化)和界面极化[39],见图 2-3。

电子极化和原子极化的弛豫时间分别为 $10^{-16}\sim10^{-15}$ s 和 $10^{-13}\sim10^{-12}$ s,而偶极子极化和界面极化的弛豫时间为 $10^{-10}\sim10^{-2}$ s。由于微波交变电场周期在 $10^{-12}\sim10^{-9}$ s 之间,与偶极子极化和界面极化的弛豫时间重合,因此,物质在微波场中的热效应主要是偶极子极化和界面极化的结果。偶极子极化的基本原理为:极性分子在交变电场中极化时会产生偶极矩,当电场频率较低时,偶极子极化能够与电场交变保持同步,当电场频率达到微波段时,其转向速度将达到

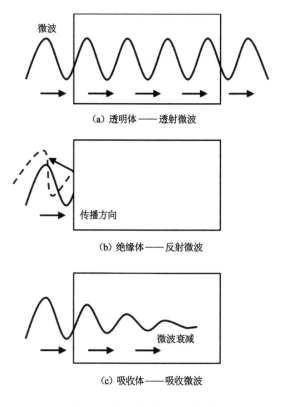

（a）透明体——透射微波

（b）绝缘体——反射微波

（c）吸收体——吸收微波

图 2-2 微波场中物质的分类

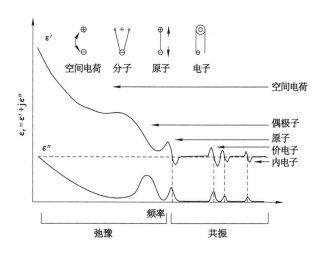

图 2-3 电介质极化基本类型

数十亿次每秒,此时的偶极子极化无法跟上交变电场的转向而产生滞后(弛豫),微波加热的本质即是介电弛豫。

2.1.4 煤在微波场内的热效应分析

如图 2-4 所示,当微波辐射煤体时,能轻易穿透煤基质,而当遇到极性分子(如水分子)时,由于水分子的两个 H—O 键的键角为 104°45′,其折线形结构导致正负极分离而产生偶极矩,同时,水分子的极化弛豫周期与微波电场的交变周期刚好吻合,因此,水分子极易随微波交变做取向转动,分子间发生相互摩擦、碰撞从而产生热量[119]。最后,水吸收的热量会通过传导、对流等方式向周围煤基质传播[43]。

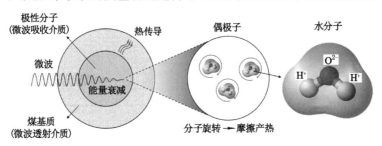

图 2-4 煤的微波加热机理

非磁性电介质吸收及转化微波的能力主要取决于其介电常数 ε,介电常数 ε 与相对介电常数 ε_r 的关系通常以复数形式表达[120]:

$$\varepsilon = \varepsilon_0 \varepsilon_r = \varepsilon_0 (\varepsilon' + j\varepsilon'') \tag{2-1}$$

式中:$\varepsilon_0 = 8.85 \times 10^{-12}$ F/m 为真空介电常数;实部 ε' 为介电常数,它反映了材料在极化过程中储存电磁能量的能力;虚部 ε'' 则称为损耗因子,它决定了材料将电磁能转化为热能的能力。

微波在作用于吸收体时主要以热量的形式损耗,一般用损耗正切表示某物质将微波能转化为热能的效力。损耗正切可以定义为[121]:

$$\tan \delta = \frac{\varepsilon''}{\varepsilon'} \tag{2-2}$$

电磁波在穿透电介质的过程中会发生衰减,其中一部分电磁能被电介质吸收并转化为热量。这种能量转化取决于损耗功率 P_v(W/m³)。损耗功率可以定义为[83]:

$$P_v = \frac{\omega \varepsilon_0 \varepsilon'' |E|^2}{2} \tag{2-3}$$

式中　ω——角频率,$\omega = 2\pi f$,rad/s;

E——电场强度,V/m。

为定量表征微波穿过吸收体时的功率耗散特性,诸多学者定义了微波穿透

深度(D_p),即微波功率衰减为其表面功率的 1/e 时的穿透距离[122]:

$$D_p = \frac{\lambda_0}{2\pi (2\varepsilon'_r)^{1/2}} \left\{ \left[1 + \left(\frac{\varepsilon''_r}{\varepsilon'_r}\right)^2 \right]^{1/2} - 1 \right\}^{-1/2} \tag{2-4}$$

式中 λ_0——自由空间的微波波长,m。

2.1.5 微波加热的优越性

常规加热一般是将物质置于热环境中,在温度梯度下热量经历热源传导、媒介对流传热及容器壁面传导,最终加热物质,这势必会造成大量热耗散,导热性差的物质加热时间较长。与常规加热相比,微波加热具备以下优越性:

1)高效性:微波以光速传播的特性决定了其能够瞬间转化为热能而不需要漫长的热传导过程,同时,由于物料内部热量容易积聚,从而提高了加热效率,据统计,微波加热速率通常为传统加热的 10~100 倍;

2)整体性:微波对物质较强的穿透性决定了其加热是一种"体积加热",能够在整个物料表面和内部同时进行,这一特性对提高物料微观、亚微观均匀性都大有裨益;

3)选择性:由于不同物质吸收微波的能力各不相同,因此可以对混合材料体系中的极性组分进行选择性加热,以实现微波能的聚焦或材料的局部加热,从而满足对材料的某些特殊要求;

4)即时性:微波加热没有热惯性,这意味着微波源能够实现瞬时开关,使物料在瞬间得到或失去热量来源,这就是微波加热的即时性,同时,微波源可实现功率连续可调,易于控制;

5)环保性:微波使用的电能对环境没有污染,其通常在封闭的加热室和波导内传输,不会排放有害气体,由于微波加热不需要专门的发热体,不会污染受热材料,因此,微波加热是健康环保、安全可靠的先进技术。

总之,微波加热颠覆了常规加热过程中热量的传递模式,在工业应用中有着巨大潜力。

2.2 样品制备及特性表征

2.2.1 样品制备

四种不同变质程度的煤样分别取自甘肃华亭煤业新柏煤矿(XB)、陕西神木煤炭有限责任公司(SM)、安徽淮北矿业集团袁庄煤矿(YZ)和内蒙古鄂尔多斯温家梁煤矿(WJ)。将取得的大块原煤运输到实验室后,利用 ZS-100 型岩石钻孔机钻取不同尺寸的圆柱体煤样,钻取后的残余煤样用于工业分析、显微组分分析、红外光谱分析、扫描电镜和压汞实验等。制得的煤样表面无明显的孔、裂隙痕迹,制作好后用记号笔在样品表面标记。煤样的制备流程见图 2-5。

（a）大块原煤 （b）煤样钻孔

（c）钻后残煤 （d）各尺寸煤样

（e）ϕ50 mm×100 mm煤样 （f）ϕ25 mm×30 mm煤样

图 2-5 煤样制备流程图

对于含水煤的制备,本书含水煤采用河北中科北工试验仪器有限公司生产的 BSJ 型混凝土智能真空饱水机(见图 2-6)制备。自动真空饱水需要 3 h 干抽,1 h 湿抽,18 h 静停。

2.2.2 工业组分及变质程度表征

煤的工业分析在煤矿瓦斯治理国家工程研究中心进行,按照国家标准《煤的工业分析方法》(GB/T 212—2008),采用全自动工业分析仪测试。显微组分及镜质组反射率测试工作在中国矿业大学资源与地球科学学院实验中心进行,依据国家标准《煤的镜质体反射率显微镜测定方法》(GB/T 6948—2008),采用 ZEISS Imager M1m 型显微分光光度计在室温 23 ℃条件下测试,煤样工业分析及显微组分分析结果见表 2-2。

图 2-6　混凝土真空饱水机

表 2-2　煤样工业分析及显微组分分析

编号			SM	WJ	XB	YZ
来源			陕西神木	鄂尔多斯	甘肃平凉	安徽淮北
$R_{\mathrm{o,max}}/\%$			0.747 9	0.651 7	0.628 8	0.919 0
显微组分/%	有机组分	镜质组	59.73	77.36	65.89	39.37
		半丝质体	9.13	12.66	5.89	7.89
		丝质体	23.94	8.15	21.67	21.54
		粗粒体	5.07	0	3.95	2.95
		壳质组	0	0	0	16.65
	无机组分	黏土类	1.35	1.45	1.77	7.77
		硫化物	0.78	0.38	0.83	3.83
工业分析%		M_{ad}	7.85	10.51	9.08	2.53
		A_{ad}	4.70	5.27	12.13	14.30
		V_{ad}	27.19	28.89	27.12	32.89
		FC_{ad}	60.26	55.33	51.67	50.28

2.2.3　电磁特性表征

在微波场中,煤的电磁特性主要指其介电特性。由于煤的成分多样、结构复杂、异质性较强,其介电表征难度较高、误差较大[123]。材料介电特性表征方法主要有同轴探头法、谐振腔法、传输线法、平行电极法和自由空间法[41]。本书采用同轴探头法测试煤样介电常数,实验在四川大学应用电磁研究所进行。图 2-7和图 2-8 分别为介电常数测试系统的示意图和实物图,系统由煤样罐、电热恒温水浴、开路同轴探头及矢量网络分析仪组成。首先,将 60～80 目(粒径 198～245 μm)的煤粉样品放入 105 ℃的真空干燥箱内干燥 24 h;然后,将其与一定质量的去离子水混合均匀放入煤样罐内并将煤样罐置入恒温水浴中,调节水浴温度至指定值并稳定 30 min;最后,连接开路同轴探头开始介电常数测试,测试频率为 2 450 MHz,对每组样品每个温度点重复测试 15 次并取平均值。

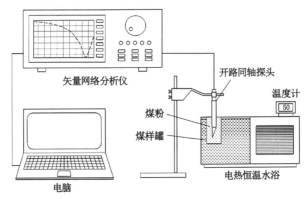

图 2-7　介电常数测试系统示意图

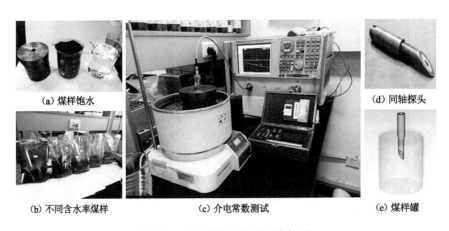

图 2-8　介电常数测试系统实物图

煤样介电常数测试结果见图 2-9,图中同一横坐标下不同的点代表不同测试次数(共 15 次),实线代表测试平均值,而阴影部分则代表测试误差。由图可知:

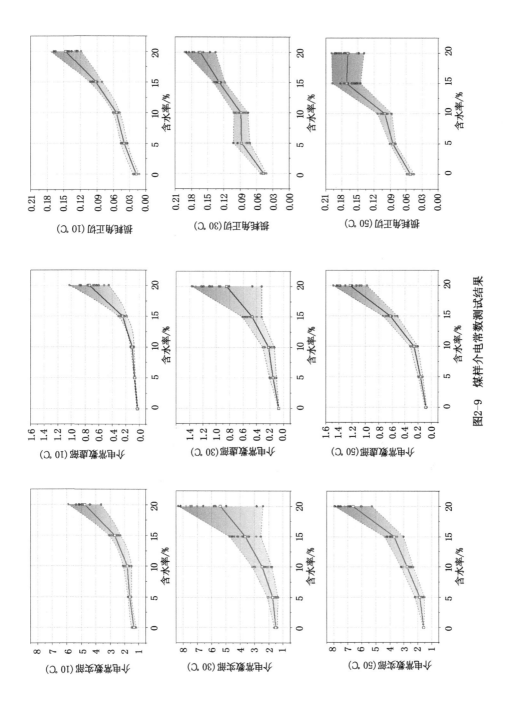

图2-9　煤样介电常数测试结果

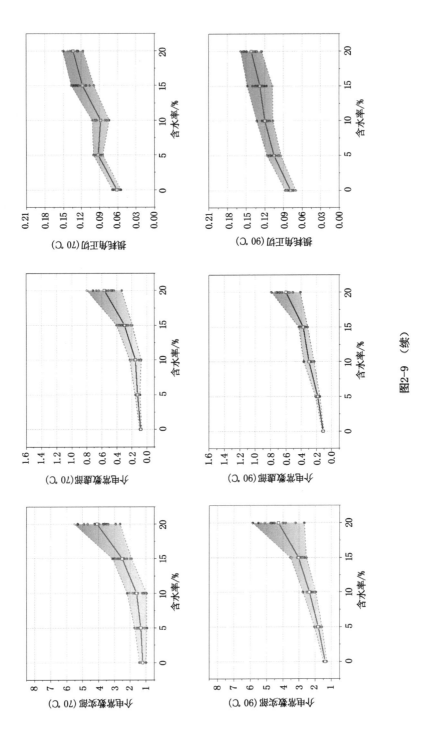

图2-9 （续）

1) 水分子介电常数较高。随着煤样含水率的增大,其介电常数、损耗因子及损耗正切均增大,说明富水煤样吸收微波并产热的能力远强于干燥煤样。

2) 干燥煤样介电常数及损耗因子随温度的变化较小,而损耗角正切随着温度的升高出现小幅增大;富水煤样介电常数的温度敏感性较强,介电常数、损耗因子及损耗角正切均先增大后减小。

3) 由于颗粒物料的介电特性会受到其堆积密度的影响,因此测试误差不可避免,干燥煤样的误差较小,而富水煤样的测试误差较大,误差随含水率的增加而增大,这也是水分不均匀分布的结果。

2.3 微波辐射系统

本书采用南京三乐微波技术发展有限公司设计生产的 WLD6S 型多模谐振微波辐射系统,见图 2-10 和图 2-11。系统包括:

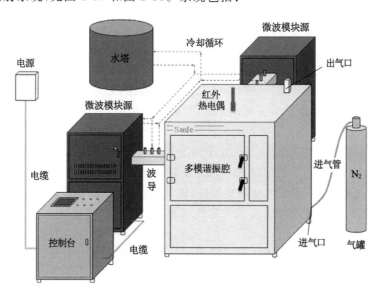

图 2-10 微波辐射系统示意图

1) 微波模块源:系统包括两台微波模块源,分别位于谐振腔的左侧和后侧,每个模块源能够产生频率为(2 450±25)MHz,功率为 0~3 kW 连续可调的微波能,模块源由磁控管及其保护电路组成,其输入电压为 380 V(50 Hz 交流电);

2) 多模谐振腔:作为微波反应器,谐振腔是微波加热的核心组件,主要分为多模谐振腔、单模谐振腔、混合腔、汇聚腔及行波腔等[124],多模谐振腔结构简单,适用于各种负载,本系统使用的多模谐振腔整体采用全密封不锈钢焊接,以

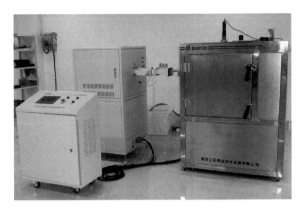

图 2-11　微波辐射系统实物图

杜绝微波及气体泄漏,内壁尺寸为 630 mm×650 mm×660 mm;

　　3)微波传输系统:主要包括波导、环形器、定向耦合器和阻抗适配器,波导是常用的微波传输组件,能够有效避免微波能的损耗,环形器由铁氧体组成,其功能是反馈负载适配信号以保护微波源,定向耦合器用于监测材料的微波吸收情况,为达到最佳匹配,可采用阻抗适配器调节;

　　4)控制台:通过电缆与电源和微波模块源连接,用以实时控制微波输入并采集实验参数,该系统还与多模谐振腔顶部的红外热电偶相连,能够实现高精度测温;

　　5)冷却循环:该系统由水塔、水泵及进出水管路等组成,主要目的是防止微波加热过程中模块源及波导过热并保证系统正常工作;

　　6)注气系统:该系统包括高压气罐、进气管及出气管,在实验过程中可以向谐振腔中以恒定的流速注入高纯度氮气以营造腔体内的惰性气氛。

2.4　微波场内煤的多相多孔介质模型

　　受微波辐射的煤体由于自身介电损耗会把电磁能转化为热能,这种现象取决于煤的电磁特性及热力学特性。微波注热过程涉及多个物理场的交互耦合,包括电磁场、传热场、渗流场及力学场,期间伴随着能量转化、物质传递、动量转移、相变及化学反应。因此,煤的微波注热是一个高维非线性、多相多场耦合、多尺度交叉的复杂问题,其中,微波热效应是其他伴生效应的基础,本节将根据多模谐振微波辐射系统及煤体理化特性建立一个多相多孔介质数值模型。

2.4.1　几何重构

　　纵然物理实验是研究微波加热最直接、最重要的手段,但是由于当前技术水平及实验条件的限制,微波加热过程中腔体内的电磁场演化、样品内部温度场分布、水的相变及运移、煤体变形损伤等难以直接测量[125]。随着现代计算机辅助工程(CAE)的飞速发展,数值模拟已成为研究微波加热过程的重要手段,许多复杂问题都能被量化和可视化,从而避免了重复性实验,缩短了研究时间[126]。对微波加热煤体仿真的核心问题是多种物理场的交互耦合,COMSOL Multiphysics 非常适合求解此类问题。

基于微波注热实验系统的真实尺寸,建立了如图 2-12 所示的三维几何模型,力求最大程度上还原微波加热煤体的全过程。由于电源、水塔、控制台和气罐等模块不直接与谐振腔连接,两台微波模块源分别通过两组波导(矩形波导和梯形波导)向谐振腔传递微波能量却不直接参与到微波注热过程中。因此,只需考虑谐振腔和波导的几何特征,模块源的作用可以通过 COMSOL 软件中的“端口”边界条件施加。模型中,谐振腔的尺寸为 630 mm×650 mm×660 mm;煤样置于谐振腔底部,直径为 50 mm,高度为 100 mm;矩形波导尺寸为 120 mm×60 mm×200 mm;梯形波导上、下底尺寸分别为 120 mm×60 mm 和 200 mm×100 mm,高为 250 mm。

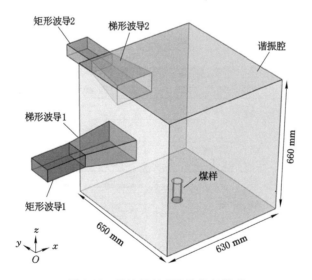

图 2-12 微波辐射系统的几何模型

2.4.2 基本假设

煤是一种多相(固态煤基质、液态水及吸附态瓦斯)多组分(有机质及无机矿物)的多孔介质(含有众多纳米级孔、微米级孔及裂隙),其组成多样、结构复杂、各向异性极强,鉴于此,同时考虑到电磁场、多相传热与传质的求解难度,做出以下基本假设：

1) 谐振腔及波导的壁面材料为铜（理想导体），且厚度忽略；

2) 微波频率固定为 2 450 MHz，不考虑频率波动；

3) 所有材料均为非磁性材料（即忽略磁场的交互耦合）；

4) 煤为各向同性材料（包括介电常数、导电系数、导热系数、比热容、含水饱和度、孔隙率、渗透率等）；

5) 微波加热过程中无任何气体吸附、解吸及化学反应发生；

6) 多孔介质传热只发生在煤体内；

7) 所有物相均为连续相。

2.4.3　控制方程

微波注热煤体的精确表述需要联合求解谐振腔及煤样内的电磁激励、多相传热与传质方程组，如图 2-13 所示。

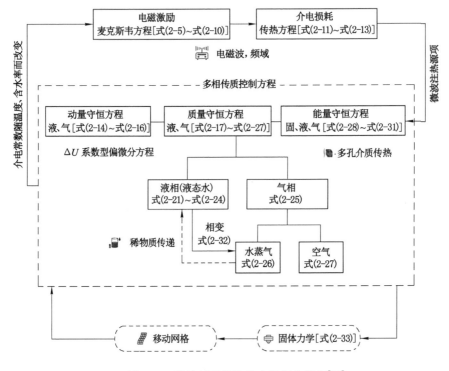

图 2-13　微波辐射煤体的多场耦合机制[127]

1) 电磁能以介电损耗的形式在煤样内转为热能，温度与含水率的改变势必会改变煤的介电常数，而介电常数的实时更新又会反向影响电磁激励；

2）煤体升温会引起水的相变，这会导致液态水浓度的降低和气态介质（包括水蒸气和空气）浓度的增大，形成多孔介质内的多相流动；

3）同时，水的相变吸热、流体流动引起的热对流、煤体表面的对流换热也会影响温度场的分布；

4）煤样脱水效应及内部蒸气压的产生可能会导致煤的损伤、形变并导致网格的移动，移动网格又会进一步影响其他物理场的计算。

利用 COMSOL Multiphysics 中的不同模块计算不同物理场，其中，"电磁波，频域"计算电磁激励及其介电损耗；"多孔介质传热"求解煤体内的多相传热场；"系数型偏微分方程"实现液体与气体的两相流动；"稀物质传递"描述水的相变；"固体力学"考察煤体热损伤；最后，"移动网格"通过煤体位移更新模型网格并应用到其他物理场的运算。

2.4.3.1 电磁激励

宏观层面的电磁分析主要包括在特定边界条件下求解麦克斯韦方程，麦克斯韦方程描述了物质在电磁场下的本构关系。对于普通时变场，麦克斯韦方程可以表达为[84,128]：

$$\nabla \times \boldsymbol{E} = -\frac{\partial \boldsymbol{B}}{\partial t} \tag{2-5}$$

$$\nabla \times \boldsymbol{H} = \frac{\partial \boldsymbol{D}}{\partial t} + \boldsymbol{J} \tag{2-6}$$

$$\nabla \cdot \boldsymbol{B} = 0 \tag{2-7}$$

$$\nabla \cdot \boldsymbol{D} = \rho_{ec} \tag{2-8}$$

式中 $\boldsymbol{E}$——电场强度，V/m；

      $\boldsymbol{B}$——磁通量密度，Wb/m^2；

      $\boldsymbol{H}$——磁场强度，A/m；

      $\boldsymbol{D}$——电通量密度，C/m^2；

      $\boldsymbol{J}$——电流密度，A/m^2；

      ρ_{ec}——电荷密度，C/m^3。

通常采用频域法求解时域谐波电磁场问题，该方法可以将麦克斯韦方程简化为亥姆霍兹矢量方程：

$$\nabla \times \mu_r^{-1}(\nabla \times \boldsymbol{E}) - k_0^2\left(\varepsilon_r - \frac{j\sigma}{\omega\varepsilon_0}\right)\boldsymbol{E} = 0 \tag{2-9}$$

式中 μ_r——相对磁导率；

      k_0——自由空间波数；

      σ——电导率，S/m。

k_0 可从下式得出[125]：

$$k_0 = \frac{\omega}{c_0} \tag{2-10}$$

式中　c_0——真空光速,m/s。

当微波作用于煤体时,部分电磁能会被转化为热能[129]:

$$Q_e = Q_{rh} + Q_{ml} \tag{2-11}$$

其中:

$$Q_{rh} = \frac{1}{2} Re(\boldsymbol{J} \cdot \boldsymbol{E}^*) \tag{2-12}$$

$$Q_{ml} = \frac{1}{2} Re(i\omega \boldsymbol{B} \cdot \boldsymbol{H}^*) \tag{2-13}$$

电磁损耗功率 $Q_e(\mathrm{W/m^3})$ 将作为一个热源项参与到传热场的计算中。

2.4.3.2 多孔介质内的多相传质

本节建立的煤体多孔介质模型是一个三相连续体,包括固态煤基质、液态水及二元气态混合物,其中的二元气态混合物由水蒸气及空气组成,见图2-14。通过建立适当的质量、动量及能量守恒方程来表征不同物态的传质模式,包括二元扩散、毛细管流和体积流等。微波注热通过将电磁模型中的电磁损耗作为热源项来实现,而电磁-传质耦合效应通过可变介电(即煤体介电常数是温度及含水率的函数)来体现。微波辐射过程温度及含水率的不断改变势必会不断更新煤的介电常数,从而反向影响电磁场分布及功率耗散。

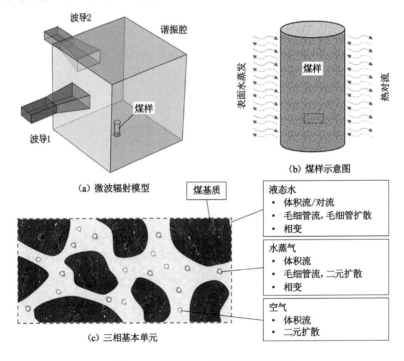

(a) 微波辐射模型

(b) 煤样示意图

(c) 三相基本单元

图 2-14　煤的多相多孔介质模型[127]

如图 2-14(c)所示,煤的三相连续基本单元(REF)可以通过固体与流体所占的体积分数来表述[86]:

$$\Delta V = \Delta V_s + \Delta V_f \tag{2-14}$$

式中　$\Delta V, \Delta V_s, \Delta V_f$——三相连续基本单元、单元内固体和流体体积,$m^3$。

在煤体中,液相和气相介质的体积分数可以用总孔隙率(φ)表示[130]:

$$\varphi = \frac{\Delta V_w + \Delta V_g}{\Delta V} = \varphi_w + \varphi_g \tag{2-15}$$

式中　$\Delta V_w, \Delta V_g$——三相连续基本单元(REF)内液相水与气相体积,m^3;

　　φ_w, φ_g——煤体中液相和气相介质的体积分数。

1)动量守恒方程

利用达西定律来描述多孔介质内流体的对流传质(体积流)。体积流通常是由不均衡蒸发导致的气压梯度驱动[131]:

$$v_{i,s} = -\frac{k_{i,i}k_{r,i}}{\mu_i}\nabla p_i \tag{2-16}$$

式中　i——表示液相(水,w)与气相(g)介质;

　　$v_{i,s}$——流体相对固体的流速,m/s;

　　$k_{i,i}$——流体固有渗透率,m^2;

　　$k_{r,i}$——流体相对渗透率;

　　μ_i——流体动力黏度,Pa·s;

　　p_i——流体压力,其中,p_g 等于水蒸气分压 p_v 与空气分压 p_a 之和[这两个分压可以通过理想气体定律及气相质量守恒方程(式 2-18)求解],MPa。

2)质量守恒方程

煤体内的液态水、空气及水蒸气遵循质量守恒方程[127,132]:

$$\frac{\partial c_w}{\partial t} + \bar\nabla \cdot \bar n_{w,s} = -\dot I \tag{2-17}$$

$$\frac{\partial c_g}{\partial t} + \bar\nabla \cdot \bar n_{g,s} = -\dot I \tag{2-18}$$

$$\frac{\partial (c_g\omega_v)}{\partial t} + \bar\nabla \cdot \bar n_{v,s} = -\dot I \tag{2-19}$$

式中　c_w, c_g——液相和气相浓度,kg/m^3;

　　$\bar n_{w,s}, \bar n_{g,s}, \bar n_{v,s}$——液态水、气体和水蒸气相对固态煤基质的流量,$m^2/s$;

　　ω_v——气相介质中水蒸气所占质量分数;

　　$\dot I$——相变。

其中,流体浓度与其相对饱和度有关:

$$S_i = \frac{\Delta V_i}{\Delta V_f} = \frac{\Delta V_i}{\varphi \Delta V}, i = \mathrm{w,g} \tag{2-20}$$

式中 S_i——流体相对饱和度。

可以得到：$c_\mathrm{w} = \rho_\mathrm{w} S_\mathrm{w} \varphi, c_\mathrm{g} = \rho_\mathrm{g} S_\mathrm{g} \varphi^{[132]}$，其中，$\rho_\mathrm{w}$ 和 ρ_g 分别为液相和气相介质的密度，$\mathrm{kg/m^3}$。

3）质量流量

① 液态水流量：液态水的总流量取决于作用其上的静压力，煤孔隙内的液态水受到气体压力 p_g 和毛细管力 p_c 的共同作用，其中，气体压力将水从高压区驱向低压区；而毛细管力倾向于将水束缚在孔隙内。因此，作用于液态水上的静压力可以表示为：

$$p_\mathrm{w} = p_\mathrm{g} - p_\mathrm{c} \tag{2-21}$$

从而，液态水相对于固态煤基质的流量可表示为[133]：

$$\begin{aligned}
\overline{n}_\mathrm{w,s} &= -\rho_\mathrm{w} \frac{k_\mathrm{in,w} k_\mathrm{r,w}}{\mu_\mathrm{w}} \nabla p_\mathrm{w} = -\rho_\mathrm{w} \frac{k_\mathrm{in,w} k_\mathrm{r,w}}{\mu_\mathrm{w}} \nabla(p_\mathrm{g} - p_\mathrm{c}) \\
&= -\rho_\mathrm{w} \frac{k_\mathrm{in,w} k_\mathrm{r,w}}{\mu_\mathrm{w}} \nabla p_\mathrm{g} + \rho_\mathrm{w} \frac{k_\mathrm{in,w} k_\mathrm{r,w}}{\mu_\mathrm{w}} \nabla p_\mathrm{c} \\
&= \rho_\mathrm{w} \overline{v}_\mathrm{w,s} + \rho_\mathrm{w} \frac{k_\mathrm{in,w} k_\mathrm{r,w}}{\mu_\mathrm{w}} \frac{\partial p_\mathrm{c}}{\partial c_\mathrm{w}} \nabla c_\mathrm{w}
\end{aligned} \tag{2-22}$$

式中的第二项可以用毛细管扩散率 $D_\mathrm{w,cap}$ 来表示，即[133]：

$$D_\mathrm{w,cap} = -\rho_\mathrm{w} \frac{k_\mathrm{in,w} k_\mathrm{r,w}}{\mu_\mathrm{w}} \frac{\partial p_\mathrm{c}}{\partial c_\mathrm{w}} \tag{2-23}$$

则式(2-22)可以替代为：

$$\overline{n}_\mathrm{w,s} = \rho_\mathrm{w} \overline{v}_\mathrm{w,s} - D_\mathrm{w,cap} \nabla c_\mathrm{w} \tag{2-24}$$

② 气相流量：气相介质相对固态煤基质的净流量 $\overline{n}_\mathrm{g,s}$ 可以用达西定律表达：

$$\overline{n}_\mathrm{g,s} = -\rho_\mathrm{g} \frac{k_\mathrm{i,g} k_\mathrm{r,g}}{\mu_\mathrm{g}} \nabla p_\mathrm{g} \tag{2-25}$$

③ 水蒸气流量：水蒸气相对固态煤基质的净流量 $\overline{n}_\mathrm{v,s}$ 可以结合达西定律及二元扩散（菲克定律）表示[132]：

$$\overline{n}_\mathrm{v,s} = -\rho_\mathrm{v} \frac{k_\mathrm{i,g} k_\mathrm{r,g}}{\mu_\mathrm{g}} \nabla p_\mathrm{g} - \left(\frac{c_\mathrm{g}^2}{\rho_\mathrm{g}}\right) M_\mathrm{v} M_\mathrm{a} D_\mathrm{v,a} \nabla \omega_\mathrm{v} = \rho_\mathrm{v} \overline{v}_\mathrm{g,s} - \left(\frac{c_\mathrm{g}^2}{\rho_\mathrm{g}}\right) M_\mathrm{v} M_\mathrm{a} D_\mathrm{v,a} \nabla \omega_\mathrm{v} \tag{2-26}$$

式中 $M_\mathrm{v}, M_\mathrm{a}$——水蒸气和空气的摩尔质量，$\mathrm{kg/mol}$；

$D_\mathrm{v,a}$——水蒸气在空气中的扩散系数，$\mathrm{m^3/s}$。

考虑到气相介质为水蒸气和空气组成的二元混合物，两种组分的浓度可以通过其相对质量分数得到：

$$c_\mathrm{v} = \omega_\mathrm{v} c_\mathrm{g}$$

$$c_a = \omega_a c_g$$
$$\omega_a = 1 - \omega_v \qquad (2\text{-}27)$$

式中　c_v, c_a, c_g——水蒸气、空气和气体浓度，kg/m³；

　　　　ω_v, ω_a——气相介质中水蒸气和空气的相对质量分数。

4）能量守恒方程

能量守恒方程涵盖了多相混合介质中流体对流、热传导、蒸发冷却及微波热源项[式（2-11）~式（2-13）][85,132]：

$$\rho_{eff} C_{p,eff} \frac{\partial T}{\partial t} + \sum_{i=w,v,a} \left[\bar{n}_i \nabla(C_{p,i} T) \right] = \nabla(k_{eff} \nabla T) - \lambda \dot{I} + Q_e \qquad (2\text{-}28)$$

式中　ρ_{eff}——煤的有效密度，kg/m³；

　　　　$C_{p,eff}$——煤的有效比热容，J/(kg·K)；

　　　　k_{eff}——煤的有效导热系数，W/(m·K)；

　　　　T——温度，K；

　　　　λ——蒸发潜热，J/kg。

其中，ρ_{eff}，$C_{p,eff}$ 及 k_{eff} 可以通过煤中各组分及其所占体积/质量分数得出[85]：

$$\rho_{eff} = (1 - \varphi)\rho_s + \varphi(S_w \rho_w + S_g \rho_g) \qquad (2\text{-}29)$$

$$C_{p,eff} = m_s C_{p,s} + m_w C_{p,w} + m_g C_{p,g} \qquad (2\text{-}30)$$

$$k_{eff} = (1 - \varphi)k_s + \varphi[S_w k_w + S_g(\omega_v k_v + \omega_a k_a)] \qquad (2\text{-}31)$$

5）相变

在煤样内部，随着温度的升高，液态水不断蒸发为水蒸气，此时会形成较高气体压力，相变会在煤样空间展布。用一个显式表达式 $\dot{I}$ 来表达这种相变[85]：

$$\dot{I} = K_{evap}(\rho_{v,eq} - \rho_v)S_g \varphi \qquad (2\text{-}32)$$

式中　$\rho_v, \rho_{v,eq}$——实际蒸气密度和平衡蒸气密度，kg/m³；

　　　　K_{evap}——蒸发速率常数，s⁻¹，定义为相变（分子从液态水转变为水蒸气的过程）平衡时间的倒数。

考虑到多孔介质，如煤的平均孔径大多为纳米至微米级，其相变平衡时间大致在 $10^{-9} \sim 10^{-6}$ s 之间，与其对应的 K_{evap} 值则在 $10^6 \sim 10^9$ s⁻¹ 之间。然而，古拉蒂（T. Gulati）[86,127]等人发现，当 K_{evap} 值大于 10^3 s⁻¹ 时，模拟结果的误差几乎可以忽略不计，而当 K_{evap} 值大于 10^6 s⁻¹ 时，会大幅增加拟合难度并延长模拟用时。因此，采用 $K_{evap} = 1\ 000$ s⁻¹，这会极大地简化运算。

2.4.3.3　固体力学及移动网格

煤体受热后会发生膨胀变形从而改变网格结构，为研究这种现象，引入固体力学和移动网格模块，将煤视为线弹性材料，则其热膨胀可以表达为热应变：

$$\varepsilon_{th} = \alpha(T - T_{ref}) \qquad (2\text{-}33)$$

式中　α——热膨胀系数，K^{-1}；

　　　T,T_{ref}——煤体温度和参考温度，K。

将固体力学计算出来的煤体位移代入移动网格模块重建网格并迭代入其他物理场方程组中，最后，将得到煤的微波热力响应规律。

2.4.4　参数设置

数值模拟参数设置见表 2-3。

表 2-3　微波注热煤体的数值模拟参数

参数类型及单位	数值或表达式	来源
微波频率/MHz	2 450	指定
微波功率/kW	1	指定
水的介电常数	$-0.283\,3T+80.67$	文献[130]
气体的介电常数	1	COMSOL 手册
煤基质的介电常数	1.88	实验测定
水的损耗系数	$0.05T+20$	文献[130]
气体的损耗系数	0	COMSOL 手册
煤基质的损耗系数	0.1	实验测定
水的密度/(kg/m³)	998	文献[86]
水蒸气的密度/(kg/m³)	理想气体状态方程	
空气的密度/(kg/m³)	理想气体状态方程	
煤的密度/(kg/m³)	1 250	文献[125]
水的比热容/[J/(kg·K)]	$4\,176.2-0.090\,9(T-273)+5.473\,1\times10^{-3}(T-273)^2$	文献[86]
水蒸气的比热容/[J/(kg·K)]	2 062	文献[134]
空气的比热容/[J/(kg·K)]	1 006	
煤基质的比热容/[J/(kg·K)]	1 250	文献[125]
水的导热系数/[W/(m·K)]	$0.571\,09+0.001\,762\,5T-6.730\,6\times10^{-6}T^2$	文献[86]
水蒸气的导热系数/[W/(m·K)]	0.026	文献[134]
空气的导热系数/[W/(m·K)]	0.026	
煤基质的导热系数/[W/(m·K)]	0.478	文献[125]
水的黏度/(Pa·s)	0.89×10^{-3}	
气体的黏度/(Pa·s)	$3.260\,5\times10^{-5}$	
水的固有渗透率/m²	10^{-15}	指定
毛细管扩散率(水)/(m²/s)	$10^{-8}\exp(-2.8+2M)$	文献[133]

表 2-3(续)

参数类型及单位	数值或表达式	来源
平衡蒸气压/Pa	$p_{sat}\exp(-0.026\,7M^{-1.656}+$ $0.010\,7e^{-1.287M}M^{-1.513}\ln p_{sat})$	文献[86]
蒸发潜热/(J/kg)	2.26×10^{-6}	文献[130]
蒸发速率常数/s^{-1}	1 000	文献[135]
煤表面换热系数/[W/(m^2·K)]	10	
孔隙率	0.15	指定
煤的泊松比	0.339	文献[136]
煤的杨氏模量/MPa	2 713	
热膨胀系数/K^{-1}	2.4×10^{-5}	
初始含水饱和度	0.67	指定
初始水蒸气质量分数	0.026	指定
初始温度/℃	20	指定

2.4.4.1　流体扩散系数

毛细管效应下的液态水传质通过扩散作用模拟,其中,煤样中液态水的毛细管扩散系数可以定义为含水率(M)的函数[133]:

$$D_{w,cap} = 1\times10^{-8}\exp(-2.8+2.0M) \tag{2-34}$$

而水蒸气在空气中的二元扩散则可以定义为总孔隙率(φ)和气相饱和度(S_g)的函数[130]:

$$D_{v,a} = 2.6\times10^{-5}(S_g\varphi)^{3-\varphi}/\varphi \tag{2-35}$$

2.4.4.2　流体渗透率

液态水的固有渗透率 $k_{i,w}$ 取 10^{-15} m^2,考虑到克林肯伯格效应,气体的固有渗透率为[137]:

$$k_{i,g} = k_{i,w}\left(1+\frac{0.15k_{i,w}^{-0.37}}{p}\right) \tag{2-36}$$

据贝尔(Bear)推断,多相流中的气相和液相的相对渗透率是液态水相对饱和度(S_w)的函数:

$$k_{r,w} = \begin{cases} \left(\dfrac{S_{w-0.09}}{0.91}\right)^3 & S_w \geqslant 0.09 \\ 0 & S_w < 0.09 \end{cases} \tag{2-37}$$

$$k_{r,g} = \begin{cases} 1-1.1S_w & S_w < 0.91 \\ 0 & S_w \geqslant 0.91 \end{cases} \tag{2-38}$$

2.4.4.3 介电特性

为计算微波注热过程中电磁-热能转换,将介电常数定义为温度和含水率的函数。当煤样受热脱水时,其介电特性也会发生相应改变,考虑到煤样介电常数测试结果的准确性,拟采用混合介质方程来计算煤样介电常数[86]:

$$\varepsilon^{\frac{1}{3}} = \sum_{i=s,w,g} a_i \varepsilon_i^{\frac{1}{3}} \tag{2-39}$$

式中 a_i,ε_i——各组分的体积分数及介电常数/损耗系数。

其中,体积分数可以定义为总孔隙度及流体相对饱和度的函数:

$$a_s = 1 - \varphi; a_w = S_w\varphi; a_g = S_g\varphi \tag{2-40}$$

各组分的介电常数及损耗系数见表 2-3。

图 2-15 将煤体损耗系数理论值与 2.2.3 小节中的实验值做比较,虽然由于介电测试误差、水分蒸发、煤与水中杂质的存在导致实验值与理论值存在一定的差异,但两个值仍具有较高的相似性,理论值大部分介于实验值的误差棒之间,因此,本书采用理论计算方法表征煤的介电常数。由于煤基质与气体的介电常数为恒定值,因此混合介质的介电特性只取决于其中水的介电特性,这不仅有利于偏微分方程组的收敛及电磁场-传热传质场的双向耦合,更有利于重点分析微波场中煤的水分演化对其热力响应的影响。

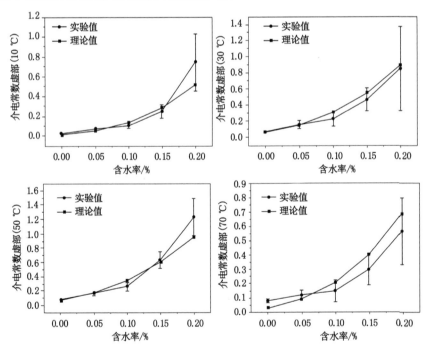

图 2-15 煤的介电常数虚部实验值与理论值

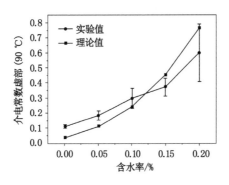

图 2-15　（续）

2.4.5　边界条件

2.4.5.1　电磁场

在电磁场中定义两种边界条件：两个矩形波导的入口定义为"端口边界"，谐振腔及波导壁面定义为"阻抗边界"。

电磁波在波导内的传播特性取决于其频率和波导横截面尺寸。频率小于波导截止频率的电磁波才能在波导内传播，对于矩形波导，其截止频率为：

$$(f_c)_{mn} = \frac{c}{2} \sqrt{\left(\frac{m}{a}\right)^2 + \left(\frac{n}{b}\right)^2} \tag{2-41}$$

式中　m,n——电磁波模数；

　　　　c——光速，m/s；

　　　　a,b——波导横截面尺寸，m。

考虑到矩形波导的尺寸为 20 cm×10 cm，在 2 450 MHz 下只存在 TE_{10} 模式的电磁波。"端口边界"的传播系数可以表示为：

$$\beta = \frac{2\pi}{c} \sqrt{f^2 - f_c^2} \tag{2-42}$$

式中　f——微波频率，Hz；

　　　　f_c——波导截止频率，Hz。

假设微波腔体的金属壁面为理想导体，由于金属阻抗损耗极小，此处设置为阻抗边界条件：

$$\sqrt{\frac{\mu_0 \mu_r}{\varepsilon_0 \varepsilon_r - j\sigma/\omega}} \boldsymbol{n} \times \boldsymbol{H} + \boldsymbol{E} - (\boldsymbol{n} \cdot \boldsymbol{E})\boldsymbol{n} = (\boldsymbol{n} \cdot \boldsymbol{E}_s) - \boldsymbol{E}_s \tag{2-43}$$

式中　μ_0——真空磁导率，H/m；

　　　　$\boldsymbol{E}_s$——场源矢量，V/m。

2.4.5.2 多孔介质传热

由于煤样底面直接与谐振腔壁面接触,因此,此面设置为"热绝缘"边界,这意味着边界处没有热通量:

$$-\boldsymbol{n} \cdot \boldsymbol{q} = 0 \qquad (2\text{-}44)$$

煤样的其他边界(侧面和顶面)会与周围气体发生热交换,因此,将这些边界定义为"对流热通量"边界:

$$q_0 = h(T_0 - T) \qquad (2\text{-}45)$$

式中 h——煤表面对流换热系数,$W/(m^2 \cdot K)$。

3 多相煤体在微波场内的热力响应机制

多相煤体的微波注热从静态看是煤体吸收微波能量并将其转化为热能的过程,从动态看是煤体各组分之间及其与微波之间在电磁场、传热传质场、渗流场及固体力学场中的相互耦合作用,该作用受控于微波频率、功率、溃口模式及煤体组分。在不考虑吸附态瓦斯的情况下,原始煤体由固态煤基质、液态水、气态水及空气组成,微波注热过程中煤体水分及挥发分的流失涉及物相和物性结构演化;煤体电磁特性、传热特性及流-固耦合特性受煤体温度及煤中各组分的相对含量影响;热力场的演化必须同时考虑介质损耗产热、水分蒸发散热、流体对流换热及煤体表面对流换热等因素;因此,多相煤体的微波注热是一个多场耦合、多相混杂的非线性问题。微波场内煤体温度的准确测定是分析其热力响应的关键,红外热电偶可以采集煤体点温度,红外热成像可以捕捉微波关闭后的煤体表面温度。然而,红外热电偶本身会受微波辐射的影响从而使其测量精度降低;红外热成像存在测试延时与误差;另外,在当前实验条件下,腔内电磁分布、煤体内部温度演化、煤中流体相变与运移及煤的变形损伤都难以准确测定,因此可以借助数值模拟分析微波场中的煤体热力响应。本章将利用第 2 章建立的多相多孔介质数值模型揭示多相煤体的微波热力响应机制。

3.1 煤体在微波场内的电磁-热耦合机制

导致微波选择性加热的主要原因是微波电磁场分布的各向异性及混合介质的介电损耗异质性。微波在谐振腔内以驻波的形式振荡传播,形成波峰和波谷,即表现为电场场强和电磁能量的不均匀分布。煤体是典型的异质材料,有机大分子结构的复杂性、不同尺度孔裂隙的存在、水分及矿物质的变化都会导致介电损耗的不均匀分布;同时,温度的演变与物相的转化又会影响其传质传热。温度的不均匀分布会在煤体内形成"热区"和"冷区",温度梯度造成的煤体不均匀膨胀及热应力也可能导致煤体损伤。

3.1.1 煤体扰动下的微波电磁场的重分布

磁控管激发微波后,微波电磁场会通过波导向谐振腔传播,由于波导及腔体金属壁面的电磁绝缘效应,微波会被反射而束缚在谐振腔内形成震荡波,当微波遇到电介质后部分能量会被吸收并以热能的形式耗散,最终在波导和谐振腔内形成稳定分布的驻波电场。在煤体吸波扰动下,微波电场会发生阶跃、扭曲而重分布,这种重分布会直接影响煤体内的介电损耗、传热传质及变形损伤。

图 3-1 为煤体受载前后的电场重分布,左侧为波导及谐振腔内部电场分布的多切面图,右侧为煤体区域内电场分布的多切面图、电场矢量图及表面图;图 3-2 为煤体受载前后腔体垂直中心线的电场强度分布及煤体受载后的电磁功率损耗密度分布。

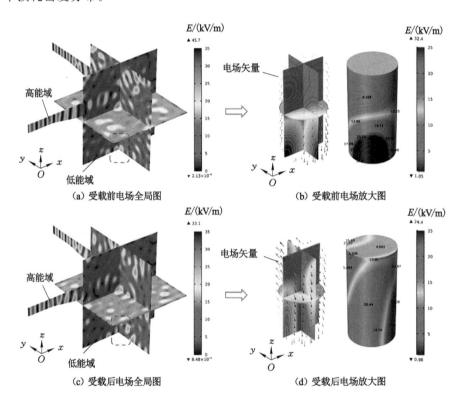

图 3-1 煤体受载前后的电场重分布

结合图 3-1(a)和图 3-2 可知:微波电场在波导及谐振腔中呈波动分布,存在高能域(波峰)和低能域(波谷),高、低能域在波导内的分布较为连续,而在谐振腔内的分布较为随机,相邻高、低能域的间隔大致等于微波波长(0.12 m)。在

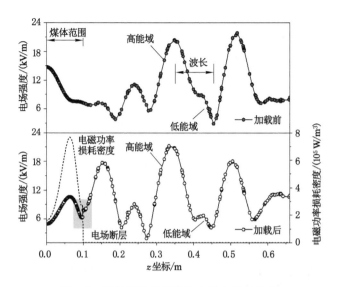

图 3-2　煤体受载前后腔体中线电场重分布

没有煤体吸波扰动的情况下,电场沿腔体中线呈连续分布,衍生出 4 个高能域和 3 个低能域,高、低能域的电场强度各异。结合图 3-1(b)和图 3-2 可知:电场在煤体区域内呈不均匀分布,场强梯度较大,靠近谐振腔底部的区域为高能域,最大电场强度为 32.4 kV/m,而煤体区域顶部为低能域,最小电场强度为 1.05 kV/m,这种不均匀分布可能是谐振腔底部壁面对微波反射的结果。结合图 3-1(c)和图 3-2 可知:煤体扰动会引起电场重分布,波导和谐振腔内高、低能域的场强、形态及空间位置都会发生变化,最大电场强度由 45.7 kV/m 降至 33.1 kV/m。由于煤体的吸波扰动,电场在煤体表面出现断层,在 $z=0.1\sim0.2$ m 范围内多出一个高能域。结合图 3-1(d)和图 3-2 可知:电场在煤体内呈均匀分布,场强梯度较小,在煤体中部呈现出高能域,煤体最大、最小电场强度分别为 24.4 kV/m 和 0.98 kV/m,这是壁面反射的部分微波能量被煤体吸收的结果,这种电场分布特点有利于煤体内部吸收微波并积累热量。

值得注意的是,谐振腔内的电场分布决定于腔体及波导的几何特性、微波频率及煤体介电损耗等,当微波设备几何特性与微波频率固定时,电场分布主要受控于煤体介电损耗。在不考虑介电温度敏感性的情况下,微波注热过程中煤体的介电常数及损耗因子是恒定值,因此电场分布也是一成不变的,这也是当今采纳较多的模拟方法;而当考虑到介电温度敏感性时,由于微波注热导致的温度变化会影响煤中不同组分,尤其是水的摩尔浓度及介电性质,从而体现出煤的介电时变性,这种介电时变性会导致电场的动态演化继而影响电磁能转化为热能的效力,因此,这是一个复杂的双向耦合过程。

当煤体暴露在微波辐射下时,煤体温度会迅速升高,这种能量转化机制可以通过电磁功率损耗密度量化。图 3-3 为微波辐射煤体时,电磁功率损耗密度的空间分布,由于空气是微波绝缘体,损耗因子极低,而煤(尤其是富水煤)是微波吸收体,因此腔体内的微波电磁功率损耗都作用在煤体上,煤与空气的电磁功率损耗密度有着 12~15 个数量级的差异。煤体表面电磁功率损耗密度分布与其电场分布趋于一致,高能域的电磁功率损耗密度较大而低能域的电磁功率损耗密度较小。图 3-2 也给出了沿腔体中线的电磁功率损耗分布,由式(2-3)可知,电磁功率损耗与电场强度的平方成正比,由图 3-2 和图 3-3 可知,电磁功率损耗密度与电场强度分布基本一致。将电磁功率损耗密度作体积积分可以得到微波注热过程中的电磁功率损耗情况,继而分析其热力响应机制。

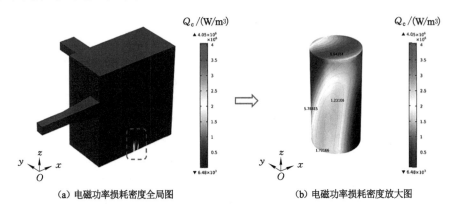

(a) 电磁功率损耗密度全局图　　　　(b) 电磁功率损耗密度放大图

图 3-3　电磁功率损耗密度分布

3.1.2　多相煤体在微波场内的热力演化规律

在计算多孔介质传热时,介质损耗产热、水分蒸发散热、流体对流换热及煤体与周围空气的表面对流换热等多因素共同作用,体现在煤体温度的演化过程,其中,介质损耗为正热源,水分蒸发与表面对流为负热源。图 3-4 展示了微波注热过程中煤体温度演化规律,包括不同时间节点的煤体内部温度场、表面温度场及其等温线,为更好地体现煤体升温规律,对不同时间的温度场采用统一图例并将最高、最低温度显示出来。

由图 3-4 可知,在微波注热前,煤体表里温度呈均匀分布;微波注热后(10~30 s),在介质损耗的作用下煤体开始升温,由于受热时间较短,煤基质与液态水的热传导不充分,煤体最高温度升至 75.3 ℃,而最低温度仅为 21.9 ℃,在注热的前 30 s,煤体温度上升较为平缓,温差较小,无明显冷热分区;60~120 s 阶段,处于高能域的煤体底部和后侧温度迅速升高,形成热区,而处于低能域的煤体顶

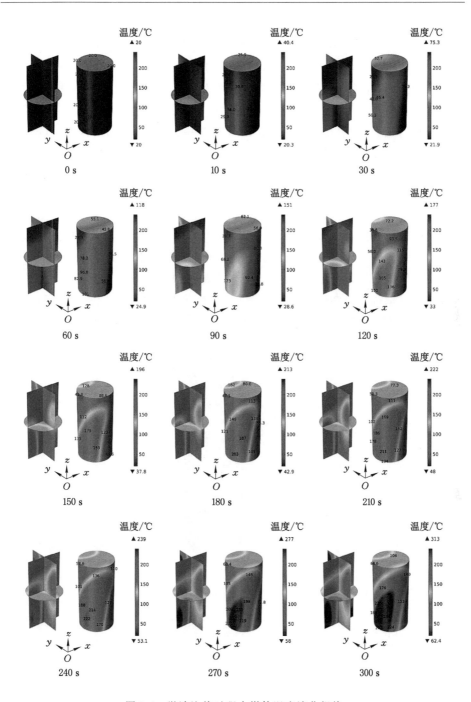

图 3-4　微波注热过程中煤体温度演化规律

部升温幅度小,形成冷区,这种温度分布与电磁功率损耗密度分布趋于一致,是由于煤体温度较低,水分蒸发散热量与煤体表面对流换热量较少,煤体升温几乎完全是介质损耗的作用结果;随着时间的延长,煤体热传导引起温度场均一化,在温差对流换热的驱动下,煤体底部热区逐渐向上扩展,在热传导的作用下煤体最低温度也升至 33 ℃;150~210 s 阶段,冷、热区温度均大幅升高,由于热区温度普遍升高至 100 ℃以上,水分开始大量蒸发并携带出大量的热,同时,煤体表面温度的升高加强了其与周围空气的对流换热,因此,热区逐渐停止扩展,煤体最高温度升至 222 ℃,而最低温度仅升至 48 ℃;与此同时,煤体表里温差进一步加大;240~300 s 阶段,煤体温度进一步升高,最高温度升至 313 ℃,而最低温度仅升至 62.4 ℃,由于冷区温度也逐渐超过 100 ℃,水分蒸发散热及煤体表面对流换热导致其升温趋势减缓。综上,介质损耗产热是煤体升温的主热源,而水分蒸发散热与煤体表面对流换热是影响煤体温度分布的重要因素,微波的选择性加热使煤体温度场呈现冷热分区,而煤体内部的对流换热则使其温度场趋于均匀分布。模拟过程中在煤体表面设置了 4 条数据监测线(见图 3-5),监测线可以通过插值法提取网格及节点的坐标、函数及变量等信息。

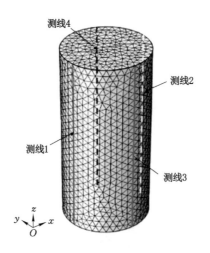

图 3-5 煤样数据监测线布置

图 3-6 为微波注热过程中 4 条监测线处的蒸发散热功率、温度及温度梯度演化情况,煤体表面与周围空气的对流换热量与煤-空气温差成正比,因此可以通过温度曲线推断,另外,由于电磁功率损耗密度分布与温度分布趋于一致,因此也可以通过温度曲线判断。

由图 3-6 可知,煤体蒸发散热功率分布与温度分布较为连续和平滑,而温度梯度分布较为突兀,这体现了微波加热的不均匀性和煤体的异质性。煤体内部

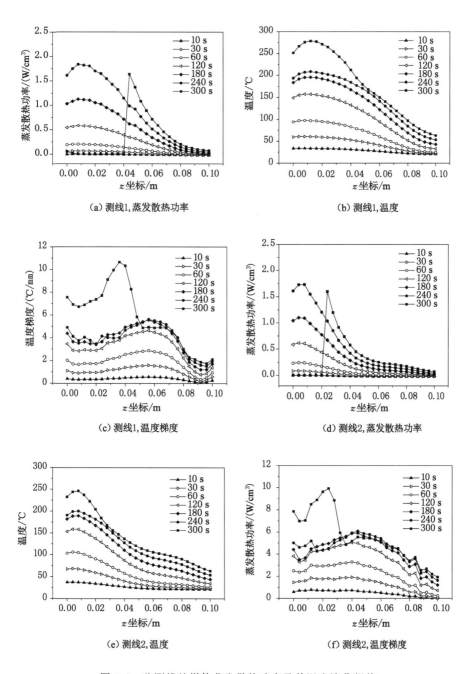

（a）测线1,蒸发散热功率

（b）测线1,温度

（c）测线1,温度梯度

（d）测线2,蒸发散热功率

（e）测线2,温度

（f）测线2,温度梯度

图 3-6　监测线处煤体蒸发散热功率及其温度演化规律

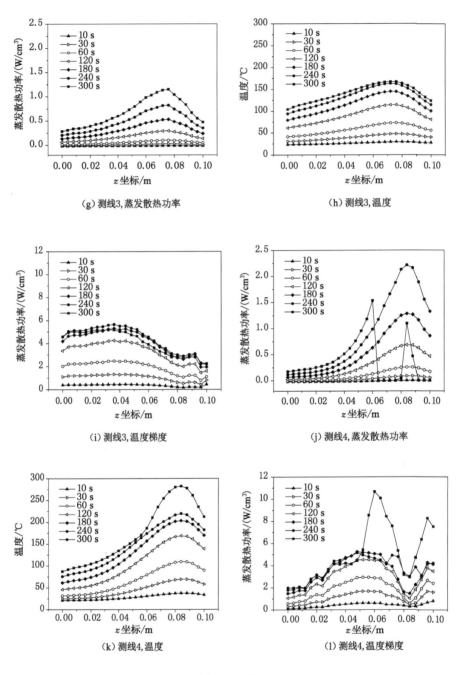

(g) 测线3,蒸发散热功率

(h) 测线3,温度

(i) 测线3,温度梯度

(j) 测线4,蒸发散热功率

(k) 测线4,温度

(l) 测线4,温度梯度

图 3-6 (续)

温差的产生会导致热应力,进而有助于撕裂煤体。在微波注热 300 s 时,测线 1、2 和 4 的蒸发散热功率在部分区段出现断层并降为零,这是由于高温下水分完全蒸发的结果;随着时间的延长,煤体温度不断升高,说明介质损耗的产热作用大于水分蒸发与表面对流的散热作用,温度梯度随时间的延长基本呈递增的趋势,说明煤体内部对流传热(效果是使温度分布趋于均一化)始终滞后于正负热源的热量积累,这也体现了微波不依赖于热传导的体积性加热特征;不同煤体位置处的温升曲线与温度梯度曲线各不相同,测线 1 与测线 2 处的温度演化较为相似,煤体底部为热区而顶部为冷区,测线 3 处温度演化较为平缓,没有明显的冷热分区,测线 4 处煤体底部为冷区而顶部为热区;由于温度较低,水分蒸发效应与煤体表面对流换热效应较弱,因此,煤体冷区的温度梯度最小,热区由于产热、散热效应突出因而温度梯度较大,而冷热区交界处温度梯度最大,这是电场不均匀分布的直接结果,因此冷热区交界处可能会成为热应力集中区与裂隙衍生区。

对于测线 1、2 和 4,前 120 s 时,蒸发速率较低,热区升温较快而冷区升温较慢,这种区域性异步升温导致温度梯度迅速蹿升;120~240 s 时,由于热区温度普遍超过 100 ℃,水分大量蒸发,与此同时,煤体表面热量也通过对流作用散失到周围空气中,这导致热区温升速率降低,另外,热区的高温蒸气在温差的作用下逐渐向冷区扩散,导致冷区温度加速升高,这是介质损耗产热与热区热量驱替共同作用的结果,煤体内部热传导直接体现在温度梯度上,在此时间段内,温度梯度上升较慢,甚至在 180~240 s 时出现下降;当注热时间超过 240 s 后,热区水分的不断蒸发导致其含水饱和度大幅降低,蒸发趋于停滞,从而导致蒸发耗散热量趋近于零,在介质损耗产热的持续作用下,热区开始迅速升温,与此同时,冷区温度的提升也引发了水分蒸发、升温减缓,冷热区水分蒸发的异步性导致 240 s 后温度梯度大幅提高,尤其在热区,温度梯度已经升至 10 ℃/mm 以上。对于测线 3,水分蒸发发生在 180 s 以后,此时的煤体温度与温度梯度上升较慢。

综上,微波注热过程中的升温呈现"快-慢-快"的特点,水分蒸发是影响煤体升温速率和温度梯度演化的重要因素。在常规注热过程中,热量通过热传导由外向内传递,由于水分蒸发发生在物质表面,因此物质表面温度较低,而热量积聚导致内部温度较高。在微波注热过程中没有发现这种现象,这是微波体积性加热与选择性加热共同作用的结果。

3.1.3　煤体升温影响因素分析

当前的微波注热数值仿真大多只考虑介质损耗产热和材料内部导热,对于富水材料的相变及表面对流换热因素考虑较少,为详细分析介质损耗产热、水分蒸发散热与煤体表面对流换热对煤体温度演化的影响,设计 4 种模拟方案(见

表 3-1),其中,通过将煤体表面的热通量边界改为热绝缘边界即可消除煤体表面对流换热的影响。

表 3-1 温度演化影响因素模拟方案

方案	介质损耗产热	水分蒸发散热	煤体表面对流换热
1	√	√	√
2	√	√	
3	√		√
4	√		

为衡量受热材料的温度场分布均匀性,通常定义一个温差系数COV_T:

$$COV_T = \frac{1}{\bar{T}} \sqrt{\frac{1}{N} \sum_{i=1}^{N} (T_i - \bar{T})^2} \tag{3-1}$$

式中　T_i——某取值点的温度,℃;

　　　$\bar{T}$——材料平均温度,℃;

　　　N——取值个数。

温差系数越大说明温度分布越不均匀。

图 3-7 为不同模拟方案下煤体最大、最小、平均温度及温差系数演化规律,其中最大温度代表热区,最小温度代表冷区,平均温度代表整体升温特性,温差系数代表温度场分布的均匀性。为方便分析,根据图形演化规律将其按时间分为三个阶段:0 ~100 s 为阶段 1;100~225 s 为阶段 2;225~300 s 为阶段 3。

首先分析煤体平均温度演化[图 3-7(c)],由于微波加热的不均匀性,在相同微波能量下,平均温度最能反映微波产热情况,平均温度越高,微波热效应越强。由图 3-7(c)可知,平均温度由高到低依次为:方案 4>方案 3>方案 2>方案 1,这说明水分蒸发与煤体表面对流都会导致部分热量散失,而水分蒸发的散热效应明显强于煤体表面对流的散热效应;由于方案 4 只考虑了介质损耗产热,产生的热量与累计辐射时间成正比,因此,平均温度-时间曲线呈线性递增;同理,方案 3 引入了煤体表面对流换热因素,由于煤体表面对流换热量与煤-空气温差成正比,因此,该方案下的平均温度-时间曲线也呈线性递增,由于表面对流的热量耗散,导致曲线斜率小于方案 4;当引入水分蒸发散热因素时(方案 2),平均温度呈现阶段性演化,阶段 1 煤体平均温度普遍较低(80 ℃以下),水分蒸发作用较弱,温度曲线基本呈线性变化且升温速率较快,而在阶段 2 曲线由线性变为非线性,升温速率大幅降低,这是温度达到 100 ℃以后煤中水分大量蒸发散热的结果,而在阶段 3,升温速率又出现小幅回升,这是由于部分热区水分充分蒸发,蒸

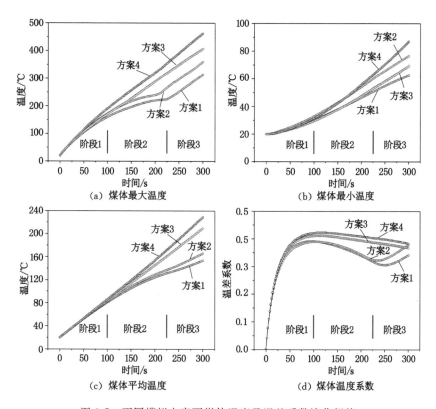

图 3-7　不同模拟方案下煤体温度及温差系数演化规律

发散热量减小的结果;方案 1 与方案 2 的平均温度演化曲线类似,由于考虑了煤体表面对流的散热效应,方案 1 的煤体平均温度略低于方案 2。

　　煤体最大温度演化规律与平均温度类似,对于方案 3 和方案 4,升温曲线呈非线性演化,这是由于最大温度出现在热区,随着微波注热的进行,煤基质的热传导与煤中流体的对流换热导致热区能量在温差的驱动下向冷区转移,因此,最大温度增速减缓;对于方案 1 和方案 2,由于热区温度较高,水分蒸发较快,因此,阶段 2 的温度下探过程及阶段 3 的温度回升过程更为显著,可以注意到方案 1 的温度回升拐点明显滞后于方案 2,这也是煤体表面对流换热对热区升温的抑制结果。不同于最大温度演化,由于冷区温度较低(90 ℃以下),煤体最小温度阶段性分区不明显,煤中物相的对流换热使最小温度曲线上浮,即升温速率增大 [图 3-7(b)]。

　　不同方案下煤体温差系数演化规律差异较大[图 3-7(d)],方案 3 和方案 4 的温差系数先增大后减小,而方案 1 和方案 2 的温差系数呈"升-降-升"的演化规律。在阶段 1 微波注热的前 30 s 内,由于煤体温度较低,水分蒸发与煤体表面对流换热均不明显,因此,不同方案下的温差系数演化基本一致,又因为微波电场分布不均匀,同时,煤体内部导热进程较慢,煤体温差系数迅速增大;30 s 以后,煤体温度逐渐升高,水分蒸发与煤体表面对流换热开始进行,不同方案下的温差系数曲线出现分离,又因为煤体内部导热抑制了温差的进一步扩大;在阶段 2,热区水分的大量蒸发导致升温减慢,而冷区受水分蒸发影响较小因此仍旧处于快速升温阶段,这种冷热区的异速升温及煤体内部的固有导热致使煤体温差系数出现大幅回落;在阶段 3,热区水分蒸发趋近饱和而冷区蒸发效应刚刚开始,这会导致热区加速升温而冷区升温减慢,这种蒸发异步性也导致了温差系数的回升。

综上,微波注热过程中水分蒸发的异步性及煤体表面对流散热的温度敏感性对煤体升温规律及温差分布规律影响显著,因此,本模型能够大幅改善以往微波注热模型的不足,更加真实地反映煤体的微波热力响应。

3.2 多相煤体在微波场内的流-固耦合机制

3.2.1 煤中流体运移规律

在不考虑游离瓦斯的情况下,煤中的流体主要包括液态水、水蒸气及空气,微波辐射下煤体温度的升高会促使液态水蒸发,从而导致含水饱和度减小,含气饱和度增大。煤体的不均匀受热会导致煤中气体压力梯度不断升高,高温水蒸气在压差的作用下由热区向冷区扩散,当水蒸气压力大于外部大气压时就会由煤体内部向表面运移,最后散发到空气中。在此过程中,流体流动传热、水的蒸发吸热及煤体表面与空气的对流换热均会导致煤体温度场的变化;同时,气体压力梯度和温度梯度又会导致煤体产生损伤变形。因此,探究微波辐射下煤中流体运移规律是研究煤的微波热力响应的关键。

图 3-8 为微波注热过程中煤中水及水蒸气摩尔浓度演化规律,微波注热前,煤中的水及水蒸气均匀分布在孔隙中,水的摩尔浓度为 5 580 mol/m³,水蒸气的摩尔浓度为 2.28 mol/m³;当微波注热 60 s 后,煤体温度升高并呈现冷热分区,由于热区温度达到 100 ℃,水分开始蒸发,导致热区水的摩尔浓度由 5 580 mol/m³ 减小到 5 400 mol/m³,而水蒸气的摩尔浓度由 2.28 mol/m³ 增大到 3.42 mol/m³,产生的水蒸气在气压差的驱动下在煤中扩散转移,当转移到煤体表面时会溢散到周围空气中并伴随热量耗散,由于冷区的蒸气溢散速率大于周围蒸气的补充速率,水蒸气摩尔浓度降低,由等值线图可以看出水蒸气分布较为均匀而液态水呈不连续分布,这是由于液态水在煤中的扩散、渗流较慢,容易产生积聚;随着微波注热的持续进行(60~120 s),热区水蒸气的摩尔浓度快速增大(由 3.42 mol/m³

增大到 7.59 mol/m³），而水的摩尔浓度降低幅度较小（由 5 400 mol/m³ 减小到 4 600 mol/m³），这是内部液态水不断补充的结果；注热 180 s 后，热区水蒸气继续增多并向冷区扩散，致使冷区蒸气补充速率超过其溢散速率，水蒸气摩尔浓度出现回升，而此时液态水的分布形态变化较小，水的摩尔浓度继续缓慢降低；240 s 后，随着温度的持续升高，热区水分快速蒸发，蒸发区域逐渐向冷区扩展，水的摩尔浓度由 2 920 mol/m³ 减小到 745 mol/m³，而热区水蒸气趋于饱和（最大等值线不断向外扩展）并向冷区大量扩散；300 s 后，热区蒸发效应逐渐停滞而冷区开始出现水分蒸发，热区的水及水蒸气摩尔浓度均趋近于极限值。

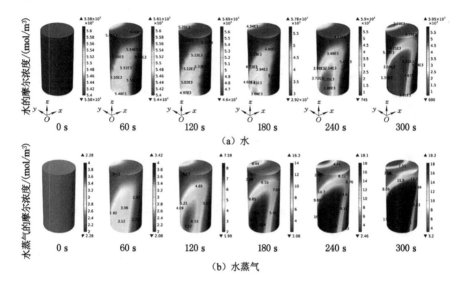

图 3-8　微波注热过程中煤中水及水蒸气摩尔浓度演化规律

　　综上，微波注热煤体具有显著脱水效应，大量液态水蒸发为水蒸气并溢散到周围空气中；煤体温度分布的不均匀性导致煤中水分蒸发呈现出异步性，这种蒸发特点使得流体分布不均匀，极易在压差的作用下产生相对流动，同时，气体压力分布的不均匀性也可能会造成煤体变形与损伤。

　　由图 3-6 可知，测线 1、2 和 4 具有相似的温度演化规律，因此以测线 1 和 3 为代表进一步分析微波注热过程中煤体水及水蒸气摩尔浓度演化规律，结果如图 3-9 所示。

　　由图 3-9 可知：水蒸气的摩尔浓度分布较为连续和平滑，而水的摩尔浓度分布较为突兀，冷区水的摩尔浓度几乎不变而水蒸气的摩尔浓度有一定增加，这说明水蒸气比水更有利于在煤中运移；在微波注热过程中，水的摩尔浓度不断减小而水蒸气的摩尔浓度不断增大，水和水蒸气的摩尔浓度呈对称分布，然而，由于

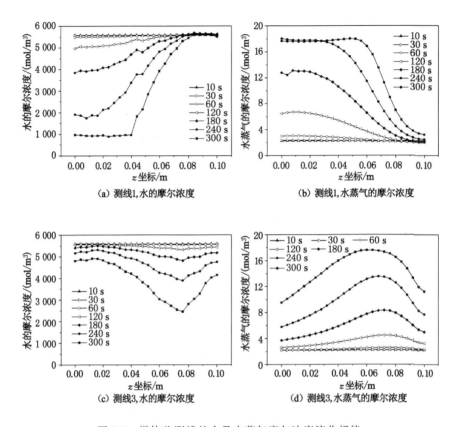

图 3-9　煤体监测线处水及水蒸气摩尔浓度演化规律

大量水蒸气溢散到周围空气中,煤中水的减少量远大于水蒸气的增加量,正是这部分滞留水蒸气导致煤体内部气体压力不断积累,从而造成煤体损伤;不同煤体位置处的流体演化各不相同,测线 1 处由于冷热分区显著,流体分布差异较大,测线 3 处由于温度演化较为平缓,流体分布也较为连续;对于测线 1,前 60 s 时,煤体温度较低,蒸发速率较小,水/水蒸气的摩尔浓度变化较小;120 s 时,热区温度的持续升高导致蒸发加速,热区水的摩尔浓度减小而水蒸气的摩尔浓度增大;180～240 s 时,在热区蒸发的同时,冷区温度也逐渐达到蒸发临界点,水分开始出现相变;240～300 s 时,虽然热区水的摩尔浓度还会减小却存在 1 000 mol/m³ 的极限值,水的摩尔浓度在达到极限值后停止变化,这也意味着热区蒸发趋于停滞,此时,水蒸气的摩尔浓度也达到饱和值 18 mol/m³,饱和水蒸气在气压梯度的作用下不断向冷区扩散,值得注意的是,煤中水的极限时间(300 s)滞后于水蒸气的饱和时间(240 s),因此,在此时间段内水分的蒸发全部溢散到空气中或向冷区转移。对于测线 3,水分蒸发发生在 180 s 以后,温度的均匀分布导致水分与水蒸气的分布也较为均一，300 s 后，水及水蒸气均未达到极限浓度。由于水的相变遵循物质守恒定律，煤体水分的减少量等于水蒸气的增加量，水蒸气分为溢散水蒸气（引起热量耗散抵偿微波产热）和滞留水蒸气（蒸汽压会导致煤体损伤变形）。对模型基元参数作体积积分可得到煤中流体演化，见图 3-10。由图可知，微波注热过程中，煤体液态水的减少量几乎等于溢散水蒸气的增加量，滞留水蒸气与溢散水蒸气含量相差 160 倍，虽然该部分水蒸气质量较小，而体积较大，其体积分数由原煤的 0.03 激增到 0.18，而此时水的体积分数仅为 0.058，正是这部分水蒸气增大了煤中气体压力，从而导致煤的损伤变形。

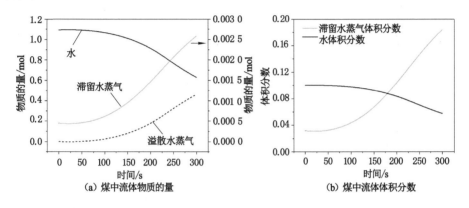

图 3-10　微波注热过程中煤中流体演化规律

　　图 3-11 为微波注热过程中煤体内外气压差演化规律，即煤体内部气体压力与大气压的差值，微波注热 10 s 时，煤体内部出现轻微负压（-60 Pa），这可能是煤体不均匀升温导致；30 s 后，热区温度升高导致气体压力上升，微波的选择性加热导致煤体内气压呈不均匀分布，最大内外压差达到 43.3 Pa；60～120 s 时，热区开始出现水分蒸发，由于煤体渗透率较低，内部气体难以渗透到煤体表面，从而造成气体压力迅速上升，由于空气和水蒸气在气压差的驱动下向低压区扩散，导致煤体内部气体压力被分散和转移；180 s 后，热区气体大量溢散到周围空气中，使得该部分气压出现下降；240 s 后，冷区水分开始蒸发导致气压继续增大并向煤体其他部位转移，煤体最大内外压差达到 1.54 kPa；300 s 后，煤中水分蒸发趋于停滞，气体压力也出现大范围回落。这种现象可以应用到煤层气的微波注热增产中，水蒸发产生的水蒸气会混入游离瓦斯气体中形成混合气体，当水蒸气摩尔浓度足够高时，混合气体压力升高，这会导致煤基质与裂隙系统孔隙率、渗透率的改变，从而影响煤层气产出。

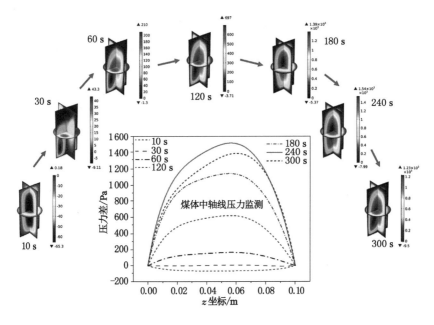

图 3-11　微波注热过程中煤体内外气压差演化规律

3.2.2　煤体变形规律

煤体受微波辐射后,温度升高会引起热膨胀,热膨胀应变与温度升高梯度成正比,煤体温度的不均匀分布会导致热膨胀应变因位置而异,即出现不均匀膨胀,这种不均匀膨胀逐渐积累会导致模型网格发生变形,从而导致模型基元几何位置、尺寸的更新,多物理场偏微分方程组将根据网格变形程度重新迭代计算,这种不均匀膨胀也是导致煤体损伤、致裂的根本原因。

图 3-12 为微波注热过程中煤体位移及网格变形演化规律,其中,煤体位移为正值代表膨胀,负值代表收缩;煤体位移直接导致了网格的变形。由图可知:微波注热前,煤体无位移且网格无变形;微波注热后,煤体出现热膨胀且上部煤体膨胀程度大于下部,这是由于在模型设计阶段,煤体底面中心点为固定约束,底面施加辊支承边界条件,而其他各面均为自由边界,因此,微波注热过程中产生的位移会向上传递,由网格图可以看出煤体发生膨胀,不均匀膨胀导致其向右弯曲,煤体顶面也因不均匀变形产生凹陷,最终,煤体的最大变形量达到 0.45 mm。需要指明的是,由于本研究采用的 COMSOL 软件是基于有限元计算,因此模型网格只会产生连续变形而不会产生分离肢解,因此要模拟煤体致裂效果还需将多物理场耦合结果代入其他离散元模型中。

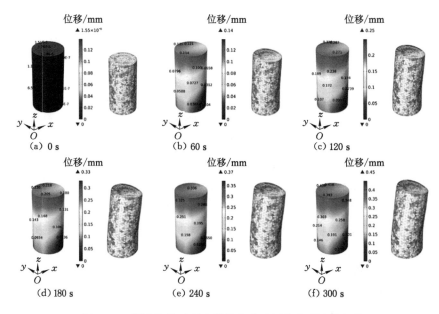

图 3-12 微波注热过程中煤体位移及网格变形演化规律

3.3 煤对微波热力响应的敏感性分析

煤的微波热力响应受诸多因素影响,其中,微波源决定了谐振腔中微波的输入形式,不同的微波输入形式势必会导致腔内电场分布的差异,从而影响煤体热力响应。宏观上看,微波源的输入模式主要包括微波频率、功率及溃口模式,其中,频率是微波的固有属性,是电磁场分布及煤体介电损耗的决定性因素;微波功率决定了输入能量的大小,是影响煤体升温的关键;而溃口模式指多源微波的开启形式,两个波导在尺寸、位置上的差异势必会导致不同溃口模式下腔体内电场分布的不同。

3.3.1 微波频率对煤体热力响应的影响

频率是微波工程最关注的参数之一,频率的大小决定了微波的传播特性及其在电介质中的损耗特性,频率为 915 MHz 和 2 450 MHz 的微波谐振腔在尺寸、形状及溃口设计上差异很大。微波磁控管激发的瞬时频率决定于阴阳极电压差及负载高频(HF)输出阻抗:一方面,微波加载后倍压器内的电压波动会改变微波频率;另一方面,微波辐射改变了负载材料的电磁阻抗,继而影响了微波的频率输出。磁控管频率波动直接体现了电场的时变性,当时变电场作用于煤体时,电场、传热场、渗流场和固体力学场实时更新、交互耦合,极大地提高了问题的复杂性。多模谐振微波辐射系统的输出频率范围为 2 450±50 MHz,为探究频率波动对煤体微波热力响应的影响,本研究设计了5组单频微波注热方案。由前文分析可知,微波辐射下煤中流体运移及煤体变形主要取决于温度场的演化,而微波电场通过电磁功率损耗控制着煤体升温,因此,在微波辐射煤体的频率敏感性分析时只需考虑电场的演化规律。

图3-13为不同微波频率下的电场分布特征,由图可知,受限空间内的微波电场分布对其频率变动较为敏感,50 MHz的频率差可以造成2倍的电场强度差异,且电场强度与微波频率的关系没有明显规律性,这种电场的无序蠢动可能是谐振腔的设计原因,由于该谐振腔的设计频率为2 450 MHz,腔壁反射、波导位置、腔内零件及受载材料都在腔体设计时考虑进去以达到最佳电场分布,当谐振腔尺寸及各零件位置固定时,频率波动对电场分布的影响在所难免。当频率为2 450 MHz或2 490 MHz时,腔体内及煤体范围内的电场分布较为均匀,两个波导内形成稳定驻波,电场矢量基本呈线性对称分布;而当频率为2 410 MHz、2 430 MHz或2 470 MHz时,两个波导间的电场扰动较大,导致腔体内及煤体范围内的电场分布极不均匀,形态各异的高、低能域交错出现,电场矢量较为扭曲且方向不定。

研究表明,微波谐振腔内的频率呈概率性非连续分布,而2 450 MHz频率激发概率最高,若考虑频率的波动性势必会使计算的自由度成倍增长;另外,由于网格密度与微波频率密切相关,若再考虑动网格效应会使模拟工作陷于停滞,因此,本研究对微波频率作适当简化,将频率固定在2 450 MHz。

3.3.2 微波功率对煤体热力响应的影响

微波注热对煤的影响主要在于改变其温度场及其中流体流动的状态,而温度与含水状态是影响煤层气储运的关键,因此,在考察微波功率对煤体热力响应的影响时,需要探索不同微波功率下煤体的升温速率及脱水速率。

图3-14为不同微波功率下煤体温度演化规律,严谨起见,在对比微波功率的影响作用时采用固定的微波能量值(功率乘以时间),显而易见,微波能量越高,介质损耗产热效应越强,煤体最高、平均和最低温度值也越大;当微波能量固定时,煤体最高温度和平均温度值随着功率的提高而增大,煤体最低温度值随着功率的提高而减小,这是由于微波功率越高加热速率越快,短时间内热区水分蒸发散热与煤表面对流换热极不充分,煤的整体散热量较小,热量容易累积而使温度升高,同时,由于煤体导热系数较低,短时间内煤体内部温度场难以达到平衡,因此热区热量向冷区转移较慢,对冷区温度的补偿作用较小,导致冷区温度较低;煤体平均温度的功率敏感性小于最高温度与最低温度,这说明在微波输入能量不变的情况下,功率主要影响煤体温度分布均匀性而对其整体升温特性影响较小,煤体整体升温特性的决定因素还是总的微波输入能量;另外,煤体温度的功率敏感性随着微波能量的提高而逐渐增强,这是由于能量越高煤体升温越

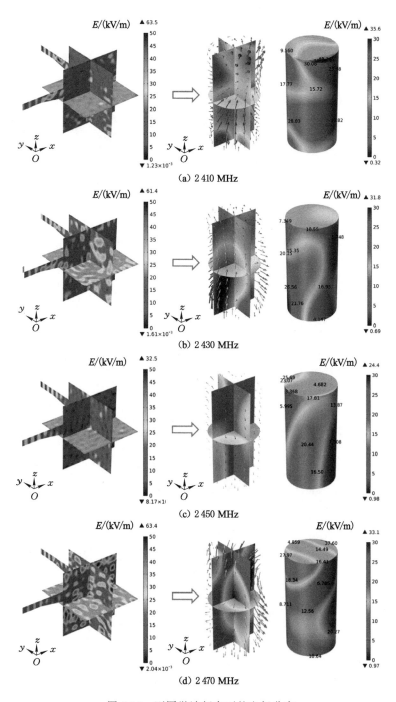

(a) 2 410 MHz

(b) 2 430 MHz

(c) 2 450 MHz

(d) 2 470 MHz

图 3-13 不同微波频率下的电场分布

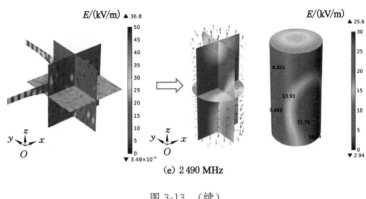

(e) 2 490 MHz

图 3-13 （续）

显著,煤体内部水分蒸发散热效应与煤体表面对流换热效应越剧烈,最终导致煤体温度不均匀性增强;随着微波功率的提高,煤体温变速率逐渐降低,这是由于温度的提高对水分蒸发散热及煤体表面对流换热均有一定的促进作用。

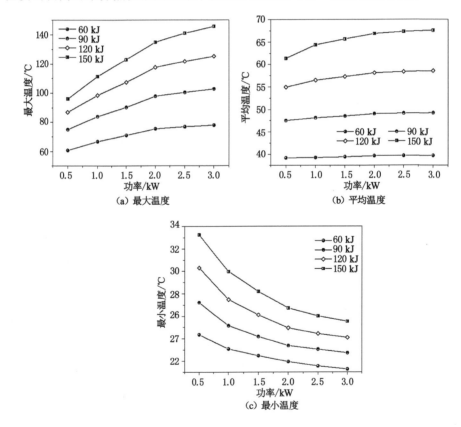

图 3-14　不同微波功率下煤体温度演化规律

图 3-15 为不同微波功率下煤体温差系数演化规律,整体来看,温差系数随着功率的增大而增大,然而,温差系数在不同功率下呈现出不同的演化规律,当功率小于 1.5 kW 时,温差系数先增大(阶段 1)后减小(阶段 2 和 3);当功率大于 2 kW 时,温差系数在阶段 1 增大,阶段 2 减小,阶段 3 回升。首先分析第一种温差系数演化规律(功率为 0.5 kW、1 kW 和 1.5 kW),由 3.1.3 节的分析可知,温差系数在阶段 2 出现大幅回落的原因在于冷热区的异速升温及煤体内部的固有导热,在此阶段,热区水分的大量蒸发导致升温减慢,而冷区受水分蒸发影响较小因此仍旧处于快速升温阶段,当功率为 0.5 kW 时,这种温差系数的回落极不明显,这是由于低功率微波的升温效果较弱,水分蒸发较少,因此,冷热区的升温速率差距较小,温差系数在此阶段的小幅回落主要是煤体内的热传导引起的;随着微波功率的提高,热区水分蒸发效应增强,从而导致阶段 2 温差系数的急速回落。再来分析第二种温差系数演化规律(功率为 2 kW、2.5 kW 和 3 kW),由 3.1.3 节的分析可知,温差系数在阶段 3 出现回升的原因在于冷热区的蒸发异步性,在此阶段,热区水分蒸发趋近饱和而冷区蒸发现象刚刚开始,这会导致热区加速升温而冷区升温减慢,随着微波功率的提高,温度的迅速提升会导致热区水分蒸发饱和时间大幅提前,冷区蒸发也会较早出现,这就导致了高功率下温差曲线回升拐点的提前。从煤体的温度梯度分布可知,当微波功率小于 1.5 kW 时,煤体温度分布较均匀,温度梯度较小,仅为 7.63 ℃/mm,随着功率的不断提高,冷热区交界处的温度梯度不断增大,当微波功率达到 3 kW 时,温度梯度达到 27.9 ℃/mm,在冷热区交界处形成两条高温梯带,这种极端温度场极有可能产生较高的热应力而撕裂煤体。综上,微波功率的增加会提高煤体升温的异步性及不均匀性,这种升温特性极易导致煤体损伤和破裂,为今后的煤层气微波注热增产提供了有益思路。

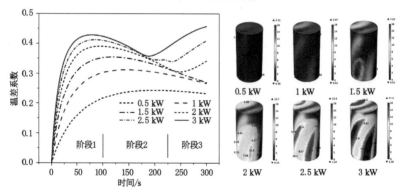

图 3-15　不同微波功率下煤体温差系数演化规律

下面考察微波功率对煤中流体的影响规律。图 3-16 和图 3-17 分别为不同微波功率下测线 1 处水及水蒸气的摩尔浓度演化规律。显而易见,随着微波注

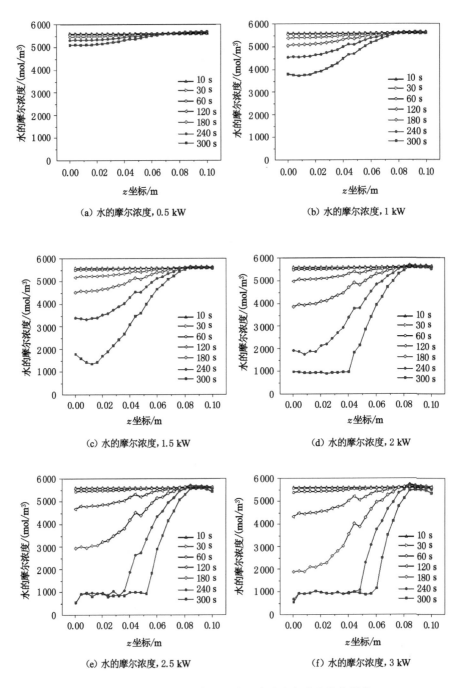

（a）水的摩尔浓度，0.5 kW

（b）水的摩尔浓度，1 kW

（c）水的摩尔浓度，1.5 kW

（d）水的摩尔浓度，2 kW

（e）水的摩尔浓度，2.5 kW

（f）水的摩尔浓度，3 kW

图 3-16　不同微波功率下测线 1 水的摩尔浓度演化规律

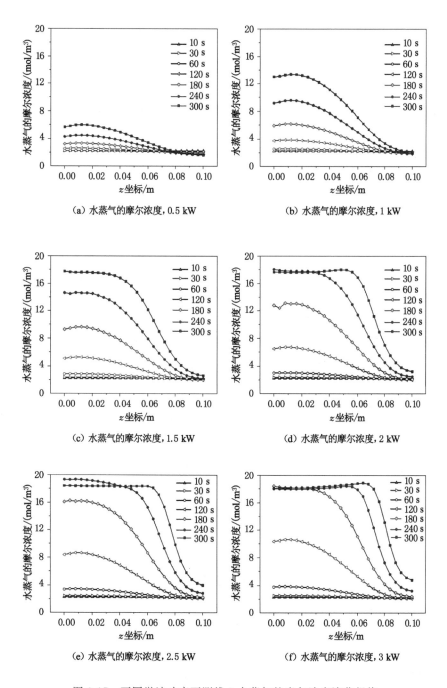

（a）水蒸气的摩尔浓度，0.5 kW

（b）水蒸气的摩尔浓度，1 kW

（c）水蒸气的摩尔浓度，1.5 kW

（d）水蒸气的摩尔浓度，2 kW

（e）水蒸气的摩尔浓度，2.5 kW

（f）水蒸气的摩尔浓度，3 kW

图 3-17　不同微波功率下测线 1 水蒸气的摩尔浓度演化规律

热时间的延长,水的摩尔浓度不断减小而水蒸气的摩尔浓度不断增大,然而,不同微波功率下的水/水蒸气的时空演化呈现出不同特点;煤中水的摩尔浓度存在极限值,水蒸气的摩尔浓度也存在饱和值,微波功率不同,水/水蒸气达到极限值/饱和值的时间、范围也各不相同;当微波功率小于 1 kW 时,升温过程导致水持续相变,水及水蒸气均未达到极限值/饱和值;当微波功率达到 1.5 kW 时,水的摩尔浓度随着时间的延长还在加速下降,而水蒸气的摩尔浓度却在注热 200～300 s 之间出现增速减缓并在 300 s 时的热区达到饱和值 18 mol/m³,饱和水蒸气一部分溢散到周围空气中,另一部分逐渐向冷区扩散;当微波功率达到 2 kW 时,热区水的摩尔浓度在 300 s 时达到极限值 1 000 mol/m³,此时的冷区水含量也在不断减小,不同于水的演化,2 kW 功率下的热区水蒸气于 240 s 时就已经率先达到饱和,300 s 时水蒸气饱和区域开始向冷区扩展;当微波功率达到 2.5 kW 时,热区水于 240 s 时达到极限值,300 s 时水的极限值区域开始向冷区扩展;当功率继续升高时,水及水蒸气的含量继续遵从以上演化规律。综上,煤体中的水达到极限值的时间始终滞后于水蒸气的饱和时间;微波功率越高,水/水蒸气达到极限值/饱和值的速度越快;当热区的水/水蒸气达到极限值/饱和值时,水的极限值区域和水蒸气的饱和区域会逐渐向冷区发展,随着时间的延长,整个煤体都会逐渐达到极限水含量并达到水蒸气饱和。

3.3.3 溃口模式对煤体热力响应的影响

由于本研究使用的多模谐振微波辐射系统具有两个微波溃口,有单溃口和双溃口两种工作模式,图 3-18 为不同溃口模式下的电场分布,其中,双溃口模式为两个微波源及相应的波导同时开启,单溃口为只有一个微波源及波导开启,溃口 1 和溃口 2 分别对应谐振腔左侧和后侧溃口。由图可知,不同溃口模式下的电场分布各异,采用双溃口模式时,谐振腔内及煤体区域内的电场分布较为均匀,电场在各个方向都有分量;而采用单溃口模式时,电场分布不均匀并呈现出各向异性。因此,在采用多模谐振腔进行微波注热实验时应尽量采用双溃口模式。

3.3.4 含水饱和度对煤体热力响应的影响

煤体水分是影响其微波热力响应的关键,一方面,由于水是极性分子,其介电常数和损耗因子较高,是强微波吸收体,由式(2-35)可知:煤体水分含量越高,其介电常数和损耗因子越大,介电损耗产热功率越大;另一方面,水分含量的升高会导致蒸发散热现象的加剧。因此,水分含量变化引起的介电损耗产热与水分蒸发散热存在竞争关系,当煤体孔隙率固定时,含水饱和度决定了煤体水分含量,因此,本节研究含水饱和度对煤体热力响应的影响。

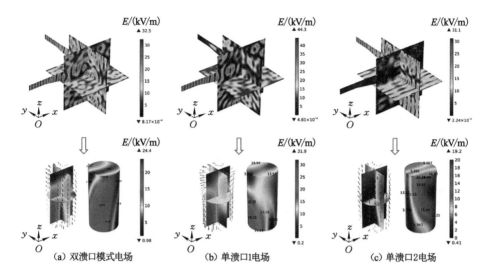

（a）双溃口模式电场　　　　　（b）单溃口1电场　　　　　（c）单溃口2电场

图 3-18　不同溃口模式下的电场分布

　　图 3-19 为不同含水饱和度下煤体平均温度演化规律,为分析介电损耗产热与水分蒸发散热的竞争关系,对比了 4 种模拟方案下的温度演化。由图 3-19（a）可知:当不考虑水分蒸发与煤体表面对流换热时,由于煤中水分含量不变,其介电常数和损耗系数均为常数,电磁能转化为热的能力保持不变,同时,在忽略了蒸发散热和对流散热的情况下,煤体只有介电损耗一个正热源,因此,煤体平均温度随着微波辐射时间的延长呈线性递增。对于干燥煤体（含水饱和度为 0）,其介电损耗较小,平均温度上升速率较低,在微波辐射 300 s 后仍未达到100 ℃;随着含水饱和度的增大,煤体水分含量逐渐增加,导致煤在微波场下的介电损耗效应增强,温升速率大幅提高,由于不考虑散热因素,煤体温度的升高不会导致其温升速率的降低;煤体温升速率与含水饱和度呈指数关系,说明水是影响煤体介电特性的决定性因素。由图 3-19（b）可知:当考虑煤体表面对流换热因素时,煤体平均温度降低,却仍然维持线性变化,由于温度越高,煤体表面散热量越大,因此,温度降幅随着含水饱和度的升高而增大。由图 3-19（c）可知:当考虑水分蒸发因素时,煤体平均温度大幅降低并呈非线性演化,温升速率逐渐下降,一方面,由于温度升高导致煤中水分含量减少,煤的介电常数和损耗因子减小,介电损耗产热能力降低;另一方面,水分蒸发散热也会引起煤体温度的下降;对于干燥煤样,煤的介电特性保持不变,同时,没有蒸发的负热源作用,温升曲线依然保持线性变化;随着含水饱和度的增大,温度降幅逐渐增大,这是由于富水煤体微波加热初期温度的升高导致蒸发速率的增大,一方面,煤体脱水导致其介

电损耗能力大幅下滑,另一方面,水分的大量蒸发还会导致热量的大幅散失。由图 3-19(d)可知:在同时考虑水分蒸发和煤体表面对流换热因素时,煤体温度还会出现小幅降低,这是正热源产热能力下降和两个负热源抵偿温度场共同作用的结果。

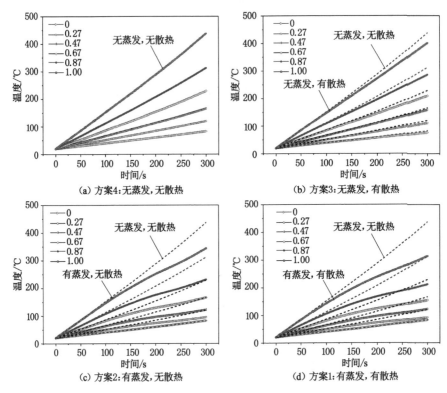

图 3-19　不同含水饱和度下煤体平均温度演化规律

4　微波场内煤体微观结构演化规律

　　煤是古植物经历复杂的物理化学变化而形成的可燃有机岩。由于成煤植物的多样性及地质演化的复杂性,不同煤的微观结构存在较大差异。煤体微观结构是煤科学研究的核心问题。煤的微观结构主要包括分子结构及孔隙结构[138]。作为一种电磁波,微波在煤体内部的传播受到煤体微观结构的影响,同时也会导致煤体微观结构改变,并最终影响煤体宏观特性。此外,煤中不同组分由于其原子/分子结构各异,与微波的交互耦合作用也存在较大差异。因此,研究微波辐射对煤体微观结构的影响规律是深入探索微波-煤耦合作用的基础。

4.1　煤的分子结构的微波响应

　　煤的分子结构极为复杂。研究表明[53],煤的大分子结构由芳香聚合结构及其侧链组成,见图 4-1。其中,芳香聚合结构是煤分子的主体,侧链构成各种官能团,包括脂肪烃(CH_3、CH_2、CH)、芳香烃($C=C$ 和 CH)、含氧官能团(羟基、羰基、羧基、醚键等)及少量硫、氮官能团,其中的侧链基团及含氧官能团对煤体物化特性有着重要影响。由图 4-1 可知,随着变质程度的增加,煤中脂肪侧链逐渐缩短并缩聚成芳环结构,脂肪烃、含氧官能团逐渐减少,而芳香烃逐渐增多。煤的分子结构的研究方法主要包括化学法和光谱法,化学法即通过化学溶剂将煤的大分子结构分解为小分子碎片并进行测试,光谱法是一种无损检测方法,包括傅里叶变换红外光谱(FTIR)、核磁共振谱(^{13}C-NMR)、拉曼光谱(RAMAN)及 X 射线衍射(XRD)法,由于 FTIR 法成本低、操作快,被广泛用于煤的分子结构表征,本节将采用 FTIR 研究微波辐射下煤的分子结构的响应特征。

4.1.1　傅里叶变换红外光谱

　　傅里叶变换红外光谱(FTIR)法是研究煤体分子结构的常规手段。红外线存在一定的频率范围,提供不同等级的能量。分子从基态跃迁至激发态所需的能量称为振动能级,物质中不同类型的基团(包括化学键和官能团)存在特定的振动频率,当此频率与红外线频率重合时,基团的振动能级会随之跃迁。煤中不

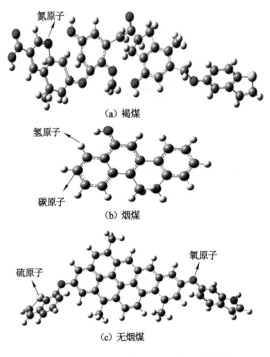

(a) 褐煤

(b) 烟煤

(c) 无烟煤

图 4-1　不同煤阶煤的分子结构图[139]

同物质所含基团的类别及数量各不相同,同时,不同基团对红外线的吸收能力各异,从而在不同波段上出现吸收峰,这就是煤的红外光谱[140]。利用红外光谱可以定性/定量推断物质的化学构成及其分子结构特征。根据红外光谱的吸收峰特征(包括强度、形状和位置等),可以推测出物质的分子堆垛结构及其所含基团的种类及数量。FTIR 法具有耗样少、测试快、无损检测等优点,因此,常被用于煤分子结构研究,根据红外光谱图上吸收峰的分布特征,可以清晰地了解煤体分子结构的演化机制[141]。

红外光谱实验采用德国 BRUKER OPTICS 公司生产的 TENSOR 27 型傅里叶变换红外光谱仪(见图 4-2),该光谱仪是基于干涉后的红外光进行傅里叶变换的原理而研发,采用 24 位 DigiTectTM 检测器系统和 ROCKSOLIDTM 干涉仪,系统附带 A562 中红外积分球和温度控制附件,主要用于材料红外光谱、红外反射率以及透射率的测试。其光谱范围为 $7\,500 \sim 370\ cm^{-1}$,分辨率不小于 $1\ cm^{-1}$,波数精度不小于 $0.01\ cm^{-1}$,透光率精度不小于 0.1%,信噪比不小于 $40\,000:1$。

在红外光谱测试中,特别是光谱范围在 $2\,400 \sim 3\,600\ cm^{-1}$ 处的—OH 区段,极易受样品水分的影响,导致煤中—OH 存在定量偏差。为降低样品水分造成的测试干扰,对样品均提前做干燥处理。煤样的红外光谱实验采用高纯度的

图 4-2　TENSOR 27 型傅里叶变换红外光谱仪

溴化钾(KBr)做压片载体,由于溴化钾吸湿性强,应尽量消除样品外加水分对红外测试的影响。首先,将原煤样与微波辐射后的煤样研磨至 200 目以下并真空干燥 4 h;然后,称取 1 mg 煤样与 100 mg 干燥处理后的 KBr,并将其置入玛瑙研钵内充分研磨;最后,采用压片机和模具将混合粉状样品压制成 0.1～1.0 mm 厚的薄片,置于红外光谱仪内进行测试,测试波数范围为 4 000～400 cm⁻¹,分辨率为 4 cm⁻¹,每个煤样做 32 次背景扫描,并进行光谱基线校正以消除颗粒散射的影响。导致红外光谱测试误差的主要因素包括样品量和颗粒粒径,红外线在穿过煤颗粒时,会发生散射现象,从而造成光谱倾斜。因此,在制样过程中应对混合样品充分研磨,并保证每次压片厚度均匀。

4.1.2　原始煤样的红外光谱特征

　　煤的红外光谱图极为复杂,为对其进行定量(半定量)分析,通常根据官能团种类将煤的红外光谱图分为四个部分:羟基(3 600～3 000 cm⁻¹)、脂肪烃(3 000～2 700 cm⁻¹)、含氧官能团(1 800～1 000 cm⁻¹)及芳香烃(900～700 cm⁻¹),各官能团红外光谱吸收峰归类见表 4-1[142]。

表 4-1　煤中各官能团的红外光谱吸收峰归类

序号	吸收峰/cm⁻¹		吸收峰的振动形式及其对应结构
	位置	波动范围	
1	3 680	3 685～3 600	游离羟基(—OH)的伸缩振动
2	3 550	3 600～3 500	羟基(—OH)自缔合氢键,醚—O 与—OH 形成的氢键
3	3 400	3 550～3 200	酚、醇、羧酸、过氧化物、水中羟基(—OH)的伸缩振动
4	3 330	3 350～3 310	—NH₂、—NH 键的伸缩振动
5	3 030	3 050～3 030	芳香次甲基(—CH—)的伸缩振动
6	2 950	2 975～2 950	甲基(—CH₃)的反对称伸缩振动
7	2 920	2 935～2 915	亚甲基(—CH₂—)的反对称伸缩振动

表 4-1(续)

序号	吸收峰/cm^{-1}		吸收峰的振动形式及其对应结构
	位置	波动范围	
8	2 870	2 875~2 860	甲基(—CH$_3$)的对称伸缩振动
9	2 850	2 860~2 840	亚甲基(—CH$_2$—)的对称伸缩振动
10	2 560	2 600~2 550	—SH 键的伸缩振动
11	1 750	1 770~1 720	脂肪族中酸酐(—C=O)的伸缩振动
12	1 700	1 715~1 690	羧基(—COOH)的伸缩振动
13	1 675	1 690~1 660	醌中—C=O 的伸缩振动
14	1 600	1 605~1 595	芳香烃中—C=C—的伸缩振动
15	1 470	1 480~1 465	亚甲基(—CH$_2$—)的反对称变形振动
16	1 440	1 460~1 435	甲基(—CH$_3$)的反对称变形振动
17	1 380	1 385~1 370	甲基(—CH$_3$)的对称弯曲振动
18	1 320	1 338~1 260	Ar—O—C 的伸缩振动
19	1 150	1 160~1 120	C—O—C 的伸缩振动
20	1 110	1 120~1 080	S=O 的伸缩振动
21	1 050	1 060~1 020	Si—O—Si 或 Si—O—C 的伸缩振动
22	950	979~921	羧酸中—OH 的弯曲振动
23	870	900~850	单取代芳香烃中—CH 的面外变形振动
24	820	825~800	邻位三取代芳香烃中—CH 的面外变形振动
25	750	770~730	五取代芳香烃中—CH 的面外变形振动
26	720	740~730	正烷烃侧链上骨架(CH$_2$)$_n$ 的面内摇摆振动
27	540	560~530	双硫键(—S—S—)的特征峰
28	475	450~510	有机硫(—SH)的吸收峰

原始煤样的红外光谱见图 4-3,其中,横坐标为波数或振动频率;纵坐标为吸光度。根据比尔-朗伯(Beer-Lambert)定律:

$$X = \lg(1/T) = Kbc \tag{4-1}$$

式中　X——吸光度;

　　　K——消光系数;

　　　b——压片厚度,cm;

　　　c——官能团相对含量。

由于同一种煤消光系数相同,测试过程中保持压片厚度一致,因此,吸光度能够代表物质中的官能团含量。

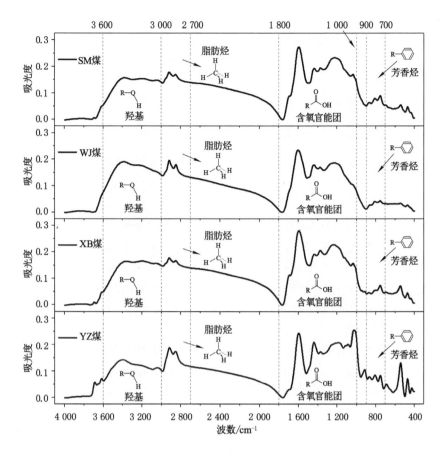

图 4-3　原煤红外光谱图

由图 4-3 可知,四种原始煤样的红外光谱分布规律相似,这体现了煤体结构的相似性;而不同煤样在某些吸收峰位置、肩峰及内包峰高度上有明显差异,这体现了煤体物性结构及物质组成的复杂性。原煤的红外光谱图除了羟基、脂肪烃、含氧官能团及芳香烃的变形振动峰外,部分煤在 $600 \sim 400$ cm^{-1} 范围也出现了明显的吸收峰,这与煤中的矿物质有关。

1) 羟基

羟基,又称氢氧基,化学式为—OH,是氧原子以共价键与氢原子连接的化学官能团,有时也称为醇官能团,是常见的极性基团。煤中的羟基是影响其反应性的重要官能团,也是形成氢键的主要基团,而氢键是影响煤分子结构的重要非化学键。根据表 4-1,$3\,050 \sim 3\,030$ cm^{-1} 为芳香次甲基(—CH)的伸缩振动峰范围,与图 4-3 中的羟基伸缩振动峰($3\,600 \sim 3\,000$ cm^{-1})发生重叠。由图 4-3 可知,$3\,200$ cm^{-1} 附近呈现肩峰形式,这说明羟基表现为多聚缔合结构,这种多聚缔合结构会导致煤中形成大量氢键。由于氢键键能较大,四种煤样在 $3\,600\sim$ $3\,000\ cm^{-1}$ 范围内均表现为宽缓的峰。YZ 煤在 $3\,620\ cm^{-1}$ 及 $3\,680\ cm^{-1}$ 附近出现两个显著吸收峰,而其他煤样在此范围内的吸收峰不明显,有学者将此类吸收峰归为游离羟基的振动[143],由煤样的工业分析及显微组分分析(表 2-2)可知,YZ 煤的灰分含量较高(14.3%)且含有大量黏土类显微无机组分,因此认为此处的吸收峰是煤中的矿物水分引起的。

2)脂肪烃

煤的红外光谱中,$3\,000\sim2\,700\ cm^{-1}$ 的波数范围为脂肪烃(—CH_x)的伸缩振动区。由图 4-3 可以看出,四种煤样在此范围内均出现两个显著的伸缩振动峰,其波数分别位于 $2\,920\ cm^{-1}$ 和 $2\,850\ cm^{-1}$ 附近,据表 4-1 可知,这类峰可分别归为亚甲基(—CH_2)的非对称伸缩振动和对称伸缩振动;同时,在 $2\,950\ cm^{-1}$ 和 $2\,870\ cm^{-1}$ 附近分别有一处肩峰,属于甲基(—CH_3)的非对称伸缩振动和对称伸缩振动。由图可知,甲基和亚甲基的非对称伸缩振动均强于其对称伸缩振动,这说明煤中脂肪烃主要为短链烷基官能团;另外,亚甲基的伸缩振动均强于甲基,说明煤中亚甲基含量较多;综上,四种原始煤样均以长链脂肪烃为主,侧链较少。

3)含氧官能团

煤的红外光谱中,$1\,800\sim1\,000\ cm^{-1}$ 的波数范围为含氧官能团(羰基、醛基、羧基、酯基、醌基)的伸缩振动区。由表 4-1 可知,该光谱范围还包括芳香烃中—C≡C—的伸缩振动、甲基(—CH_3)和亚甲基(—CH_2)的变形振动和弯曲振动,以及 C—O—C 的伸缩振动等,因此,该范围的红外光谱极为复杂。由图 4-3 可以看出,四种煤样在此范围内均出现多个显著的吸收峰,在 $1\,600\ cm^{-1}$ 附近出现一个强峰,该峰可以归为芳香烃和多环芳香层中—C≡C—的骨架振动和伸缩振动,峰的强度较高而峰型较窄,研究表明[144],该峰强度反映了煤的芳构化程度(由烷烃或环烷烃转变为芳香烃的程度)。

4)芳香烃

煤的红外光谱中,$900\sim700\ cm^{-1}$ 的波数范围主要表现为芳香烃结构的吸收性,包括多种取代芳香烃的面外变形振动、部分脂肪烃的摇摆振动及矿物质。由图 4-3 可以看出,四种煤样在此范围内均出现三个显著的变形振动峰,分别位于 $870\ cm^{-1}$,$820\ cm^{-1}$ 和 $750\ cm^{-1}$ 附近,不同位置的峰值代表了不同的苯环取代方式;由于煤中矿物质和脂肪烃对该区域红外光谱产生的扰动较大,给该区域谱图的定量化带来较大难度,因为 YZ 煤中矿物质含量较高,其在 $900\sim700\ cm^{-1}$ 波数范围内的峰值也较大。

由于煤的分子结构复杂,官能团种类繁多,且每种官能团对红外光的吸收都对其红外光谱图有一定贡献,从而造成红外光谱吸收峰的重合、叠加,未经处理的红外光谱只能定性反映煤体结构信息,要进一步对煤的分子结构进行定量描述,则需要借助专业数据处理软件对红外光谱进行解卷积处理,从而得到每种官能团吸收峰的位置及强度,进而研究煤的分子结构[52]。

煤样红外光谱的分峰解叠与拟合主要采用 PeakFit v4 专业分峰软件进行,根据相关文献[145],本书选择各波段的分峰数分别为羟基(3 600～3 000 cm^{-1})5 个,脂肪烃(3 000～2 700 cm^{-1})5 个,含氧官能团(1 800～1 000 cm^{-1})16 个,芳香烃(900～700 cm^{-1})5 个。首先,对不同红外光谱基线进行修正;然后,选取合适的高斯(Gaussian)峰形函数对原光谱图进行二次微分,初步确定各分峰的峰位(分峰的宽度和形状可变);最后利用式(4-2)进行最小二乘法迭代运算,得到拟合度最高($R^2>0.999\ 6$)的分峰参数[146]:

$$y = y_0 + \frac{A}{W \times \sqrt{\dfrac{\pi}{2}}} \times \exp\left[-2 \times \left(\frac{x - x_c}{W}\right)^2\right] \tag{4-2}$$

式中　A——峰面积;

　　　W——峰的半宽;

　　　x——峰位;

　　　y_0——基线。

四种原始煤样的红外光谱分峰拟合结果见图 4-4 和表 4-2,通过对红外光谱分峰拟合数据分析,还可以算出一系列半定量参数[53]。

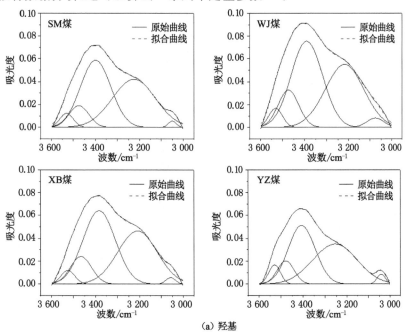

(a) 羟基

图 4-4　原始煤样红外光谱分峰拟合结果

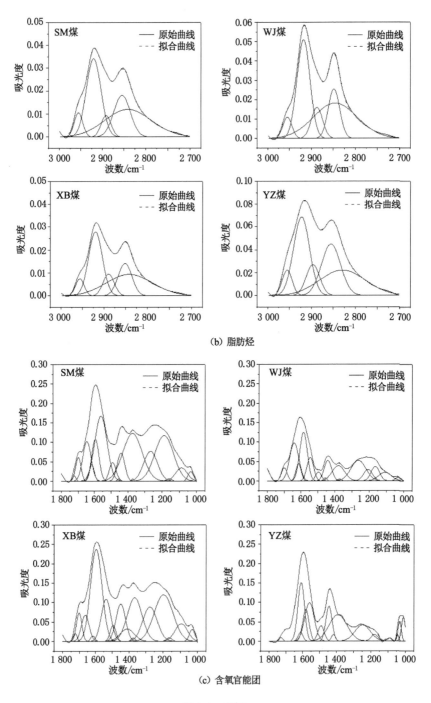

（b）脂肪烃

（c）含氧官能团

图 4-4 （续）

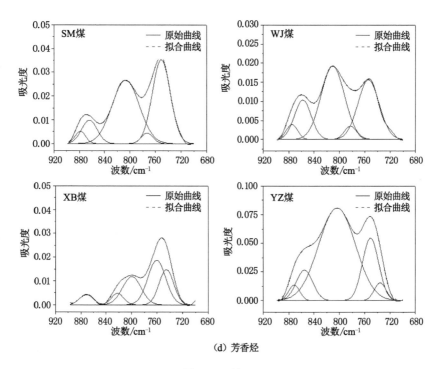

（d）芳香烃

图 4-4 （续）

表 4-2 原始煤样红外光谱分峰参数

官能团	编号	SM 煤			WJ 煤			XB 煤			YZ 煤		
		峰位	峰高	面积	峰位	峰高	面积	峰位	峰高	面积	峰位	峰高	面积
羟基	1	3 050	0.006	0.257	3 076	0.008	0.786	3 057	0.006	0.319	3 041	0.009	0.407
	2	3 225	0.042	10.24	3 218	0.055	12.21	3 209	0.047	10.35	3 254	0.035	8.790
	3	3 399	0.059	10.13	3 390	0.075	13.41	3 383	0.064	11.76	3 406	0.051	7.835
	4	3 475	0.019	2.137	3 473	0.033	3.855	3 466	0.024	2.906	3 479	0.020	1.960
	5	3 530	0.012	0.933	3 532	0.017	1.273	3 525	0.012	0.937	3 530	0.017	1.101
脂肪烃	1	2 841	0.012	1.595	2 846	0.018	2.258	2 841	0.009	1.237	2 829	0.022	2.875
	2	2 854	0.018	0.866	2 848	0.025	0.830	2 851	0.014	0.571	2 855	0.045	2.471
	3	2 891	0.009	0.264	2 887	0.016	0.514	2 889	0.010	0.305	2 897	0.027	1.050
	4	2 920	0.034	1.463	2 918	0.051	1.904	2 920	0.028	1.125	2 923	0.069	3.158
	5	2 955	0.011	0.265	2 955	0.011	0.285	2 956	0.008	0.190	2 955	0.022	0.632

表 4-2(续)

官能团	编号	SM 煤			WJ 煤			XB 煤			YZ 煤		
		峰位	峰高	面积	峰位	峰高	面积	峰位	峰高	面积	峰位	峰高	面积
含氧官能团	1	1 034	0.025	0.946	1 032	0.009	0.329	1 032	0.031	1.199	1 012	0.061	1.451
	2	1 088	0.034	2.941	1 109	0.022	2.014	1 095	0.046	4.174	1 033	0.051	1.157
	3	1 160	0.007	0.249	1 165	0.037	2.255	1 166	0.010	0.375	1 046	0.018	0.282
	4	1 189	0.117	15.78	1 208	0.029	1.890	1 198	0.120	16.37	1 093	0.008	0.251
	5	1 267	0.077	7.715	1 264	0.053	5.657	1 277	0.089	9.300	1 179	0.017	0.859
	6	1 373	0.006	0.108	1 372	0.005	0.134	1 368	0.113	12.58	1 249	0.042	4.622
	7	1 374	0.123	17.91	1 380	0.039	3.612	1 376	0.009	0.277	1 392	0.068	8.946
	8	1 443	0.073	4.049	1 442	0.052	2.949	1 412	0.032	3.422	1 419	0.017	0.502
	9	1 455	0.006	0.131	1 459	0.008	0.191	1 451	0.096	6.783	1 446	0.090	4.122
	10	1 492	0.048	2.372	1 498	0.023	0.986	1 496	0.041	1.776	1 493	0.040	1.816
	11	1 562	0.168	15.23	1 546	0.061	2.998	1 538	0.108	7.780	1 561	0.099	7.024
	12	1 596	0.108	5.809	1 586	0.125	7.005	1 597	0.238	20.47	1 582	0.082	3.787
	13	1 616	0.043	1.537	1 616	0.045	1.713	1 617	0.014	0.455	1 610	0.151	7.353
	14	1 646	0.102	6.475	1 641	0.098	6.585	1 663	0.069	4.027	1 645	0.066	3.544
	15	1 699	0.061	2.509	1 699	0.034	1.428	1 701	0.074	3.067	1 700	0.029	1.254
	16	1 724	0.014	0.372	1 800	0.031	0.594	1 725	0.020	0.578	1 728	0.009	0.240
芳香烃	1	750.9	0.035	1.251	754.5	0.016	0.662	745.4	0.015	0.423	735.8	0.016	0.358
	2	773.3	0.004	0.102	783.2	0.004	0.083	760.6	0.019	0.660	751.0	0.055	1.767
	3	806.9	0.027	1.430	810.8	0.019	0.878	799.8	0.012	0.432	804.0	0.081	5.813
	4	864.1	0.010	0.303	857.9	0.010	0.343	822.2	0.005	0.115	855.3	0.027	0.875
	5	878.4	0.005	0.105	875.0	0.004	0.086	871.5	0.004	0.113	871.5	0.014	0.296

　　根据分峰拟合得到的各峰特征参数(峰位、峰高、面积)可以计算出诸多红外特征参数以定量表征煤体分子结构,除了基团分布,煤的红外特征参数还可以提供很多分子结构信息,如煤的平均链长、芳香度、脂肪度等。基于前人研究[147],提出以下红外特征参数以定量表征煤的不同基团:

(1) 含氧官能团的定量表征

$$\frac{A_{-OH}}{A_{-O-}} = \frac{I_{3\,680\sim3\,200\,cm^{-1}}}{I_{1\,338\sim1\,020\,cm^{-1}}} \tag{4-3}$$

式中　$\dfrac{A_{-OH}}{A_{-O-}}$——煤中羟基(—OH)与醚基(—O—)之比;

$I_{3\,680\sim3\,200\,cm^{-1}}$——3 680～3 200 cm^{-1} 范围内红外吸收峰的面积;

$I_{1\,338\sim1\,020\ cm^{-1}}$——1 338~1 020 cm^{-1}范围内红外吸收峰的面积。

醚氧是煤中氧元素的主要存在形式,也是缩合芳香烃的主要桥键,利用羟基(—OH)与醚基(—O—)之比可以反映煤中含氧官能团之间的相互转化,比值降低说明煤中羟基(—OH)减少而醚基(—O—)增多。

$$\frac{A_{C=O}}{A_{ar}}=\frac{I_{1\,770\sim1\,660\ cm^{-1}}}{I_{1\,605\sim1\,595\ cm^{-1}}} \tag{4-4}$$

式中 $\dfrac{A_{C=O}}{A_{ar}}$——煤中羰基(C=O)与芳香烃之比,这里采用苯环中的C=C双键代表煤中芳香烃的个数;

$I_{1\,770\sim1\,660\ cm^{-1}}$——1 770~1 660 cm^{-1}范围内红外吸收峰的面积;

$I_{1\,605\sim1\,595\ cm^{-1}}$——1 605~1 595 cm^{-1}范围内红外吸收峰的面积。

利用羰基(C=O)与芳香烃之比可以反映煤中活性含氧官能团的演化规律,比值降低说明其中活性含氧官能团受分解而破坏。

(2) 脂肪结构的定量表征

$$\frac{CH_2}{CH_3}=\frac{I_{2\,935\sim2\,915\ cm^{-1}}}{I_{2\,975\sim2\,950\ cm^{-1}}} \tag{4-5}$$

式中 $\dfrac{CH_2}{CH_3}$——脂肪侧链的平均链长;

$I_{2\,935\sim2\,915\ cm^{-1}}$——2 935~2 915 cm^{-1}范围内红外吸收峰的面积;

$I_{2\,975\sim2\,950\ cm^{-1}}$——2 975~2 950 cm^{-1}范围内红外吸收峰的面积。

利用脂肪侧链的平均链长可以反映煤中脂肪结构的演化规律,比值降低说明煤中桥键断裂,脂肪侧链缩短并缩聚为苯环等大分子结构,使煤的脂肪度减小而芳香度增大。

(3) 芳香结构的定量表征

$$\frac{A_{al}}{A_{ar}}=\frac{I_{3\,050\sim2\,840\ cm^{-1}}}{I_{1\,605\sim1\,595\ cm^{-1}}} \tag{4-6}$$

式中 $\dfrac{A_{al}}{A_{ar}}$——煤中脂肪烃与芳香烃之比,这里采用苯环中的C=C双键代表煤中芳香烃的个数;

$I_{1\,605\sim1\,595\ cm^{-1}}$——1 605~1 595 cm^{-1}范围内红外吸收峰的面积;

$I_{3\,050\sim2\,840\ cm^{-1}}$——3 050~2 840 cm^{-1}范围内红外吸收峰的面积。

利用芳香烃与脂肪烃之比可以反映煤中芳香结构的演化规律,比值较高反映了较高的芳香度及较低的脂肪度。

4.1.3 微波辐射下煤体红外光谱演化规律

通过对微波辐射前后煤中各种官能团进行定量分析,可以揭示微波辐射对煤体分子结构的影响。图 4-5 和图 4-6 分别为微波辐射前后煤样红外光谱及红外特征参数的对比。

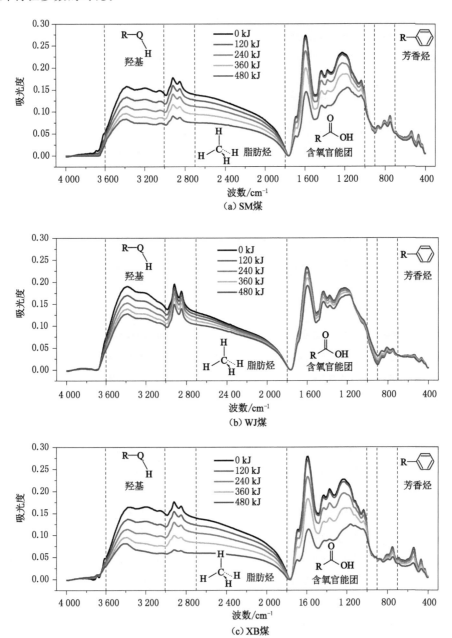

图 4-5　微波辐射前后煤样红外光谱对比图

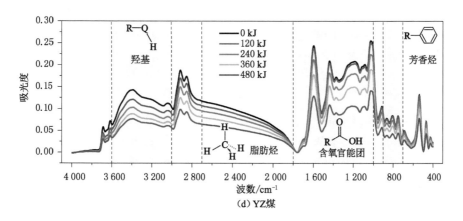

图 4-5 （续）

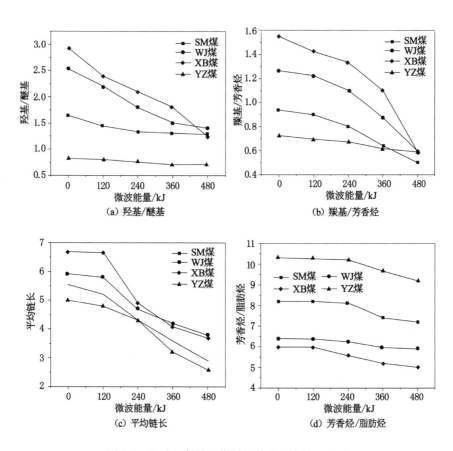

图 4-6 微波辐射前后煤样红外特征参数对比图

由图 4-5 可知,4 种煤样的分子结构对微波有类似的响应规律,即随着微波能量的升高,红外光谱的吸光度逐渐降低,这意味着煤中各官能团逐渐减少,而不同官能团减少的幅度不同并呈现出异步性,这导致了红外特征参数的变化,如图 4-6 所示。下面分析煤中不同官能团对微波辐射的响应规律。

1) 羟基

由表 4-1 可知,羟基吸收峰波数范围为 3 680～3 000 cm^{-1},当煤样暴露在微波辐射中时(120 kJ),波数范围在 3 680～3 600 cm^{-1} 的红外谱峰吸光度显著降低,这是因为微波辐射热效应导致煤中水分蒸发,游离羟基随水蒸气溢出煤体,波数范围在 3 600～3 000 cm^{-1} 的红外谱峰吸光度也出现降低,羟基/醚基也呈现下降趋势,这是由于微波辐射导致羟基自缔合氢键断裂,活性较强的醇羟基、酚羟基及羧酸等在热效应的作用下脱氢而转化为稳定的醚基,从而降低了煤中的羟基含量[55]。由于羟基是具有强亲水性的活性含氧官能团,羟基含量的降低也导致了煤体亲水性的减弱,煤中可束缚水分减少[148]。微波辐射下煤中的羟基变化可以分为三个阶段:0～120 kJ(Ⅰ)、120～360 kJ(Ⅱ)和 360～480 kJ(Ⅲ),在Ⅰ阶段主要为煤体孔裂隙中游离水的蒸发;2 阶段羟基缩合脱水并转化为醚基,其可能存在如下反应[53]:

$$R-OH + R'-OH \longrightarrow R-O-R' + H_2O \qquad (4-7)$$

$$R-OH + R'-CH_3 \longrightarrow R-CH_2-R' + H_2O \qquad (4-8)$$

Ⅲ阶段可能发生矿物晶体中结合水的脱除从而导致羟基的进一步减少。

2) 脂肪烃

在煤分子中,甲基有两种存在形式:连接在长链脂肪烃及其侧链端部或与芳香烃相连。由图 4-5 可知,经过微波辐射改性后,各煤样脂肪烃含量逐渐减小,减小的速度先慢后快,由图 4-6(c)可知,煤样的平均链长(亚甲基/甲基)随微波能量的增大而减小,这说明微波辐射下煤中亚甲基比甲基更易脱除,煤的脂肪度急剧减小,导致这种现象的原因主要有以下几个方面:

① 煤中的脂肪族小分子多以非共价键结合,由于其键能较弱,随着煤体温度的升高,其中的脂肪族小分子逐渐挥发[53];

② 微波辐射会导致煤中键能较低的化学键如亚甲基桥键发生断裂,短链脂肪烃,如 CH_4、C_2H_4、C_3H_8 等,从煤的大分子结构中脱除并以挥发分的形式析出,从而导致脂肪烃缩短,煤中甲基、亚甲基总含量降低[149];

③ 断裂的亚甲基桥键发生交联反应形成饱和甲基,从而造成甲基相对增多而亚甲基相对减少,煤中可能发生以下反应[55]:

$$(4-9)$$

④ 微波辐射过程中的脱羟基作用[式(4-7)、式(4-8)]会产生活性氢原子,它能够攻击煤中的环状或链状结构,并添加到不饱和位上形成饱和甲基,从而使甲基数量增加,煤中可能发生以下反应[146]:

$$(4-10)$$

⑤ 微波改性过程中,煤结构的收缩使得芳香亚甲基结构转变为苯环结构,这也导致亚甲基出现一定减少,此时,煤的缩合程度增加,饱和脂肪侧链增多而烷基侧链缩短,表明经过微波辐射后,煤的分子结构缩合度和饱和度均提高,即煤阶有所升高[50]。

3) 含氧官能团

含氧官能团是煤体水分子的一级吸附位点和氧分子的化学吸附位点,研究表明,微波可以选择性地作用于极性分子或基团,使之吸收大量能量而分解。由图 4-5 可知,经过微波辐射改性后,各煤样含氧官能团含量逐渐减小,由图 4-6 (b)可知,煤样的羰基/芳香烃随微波能量的增大而减小,微波辐射对煤样芳香烃影响较小(图 4-5),这说明微波辐射下煤样含氧官能团含量相对减少,而芳香烃含量相对增加,其原因可能是在微波的作用下煤体大分子结构中的活性含氧官能团脱除,形成不饱和键,煤体结构聚合导致芳构化程度加剧[150]。煤中的含氧官能团主要有:$C=O$、$C-O$ 和 $-OH$,其中的 $C-O$ 受热分解并以 CO 气体的形式逸出;$C=O$ 主要存在于羰基、羧基、酯基和醌基中,研究表明,在高温作用下,煤中的羧基最易分解而醌基最难分解[53],这可以在图 4-5 中清晰地看出。羧基的脱除可能存在以下反应[151]:

$$R-COOH+R'-OH \longrightarrow R-COO-R'+H_2O \qquad (4-11)$$
$$R-C(CH_3)_2-COOH \longrightarrow R-CH(CH_3)_2+CO_2 \qquad (4-12)$$

煤中的水分可能对煤分子结构间的相互作用有所贡献,这种结构称之为"水桥",这可能是煤分子与水分子之间的主要结合方式,在微波作用下,"水桥"的断裂也会造成 $C=O$ 与 $C-O$ 的损失,见图 4-7。

4) 芳香烃

煤中的芳香族官能团主要有芳香 $C=C$ 及芳香$-CH$,由表 4-1 可知,芳香 $C=C$ 吸收峰的波数范围为 1 605~1 595 cm^{-1};芳香$-CH$ 吸收峰的波数范围为 3 050~3 030 cm^{-1} 和 979~730 cm^{-1}。如图 4-5 所示,微波辐射下煤样中的芳香 $C=C$ 含量显著降低,3 050~3 030 cm^{-1} 范围内芳香次甲基($-CH$)的伸缩振动逐渐减弱,这是由于随着微波能量的增强,连接在煤体大分子结构上的脂肪侧链缩短,羧基等含氧官能团数量不断减少,煤的分子结构缩合度增加,煤分子发生聚合反应,缩合芳环及芳香碳增多,煤的芳香度得到提高[152];而 979~

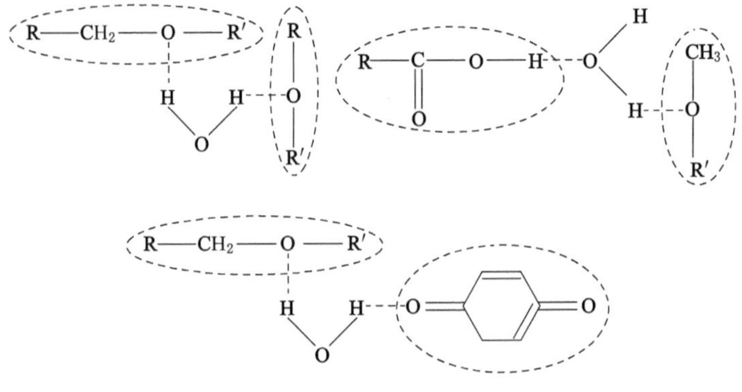

图 4-7　煤中水分子连接的 C═O 与 C—O 的脱除

730 cm^{-1} 范围内芳香次甲基(—CH)的面外变形振动变化不显著,这是因为芳香烃缩合度越高的结构越难挥发。脂肪侧链的芳构化反应、苯环之间的缩聚反应可以分别表示为[153]:

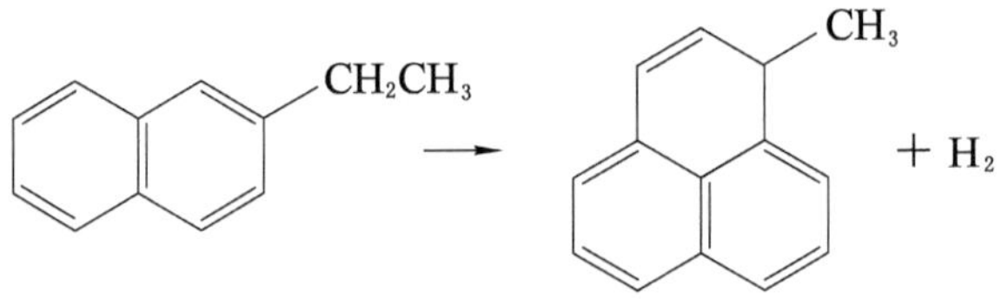

$$(4-13)$$

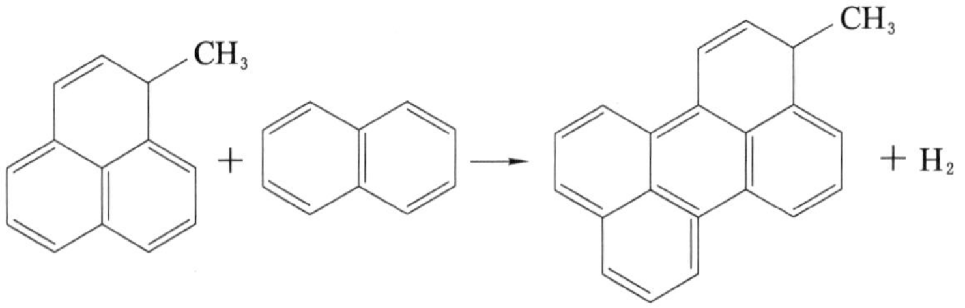

$$(4-14)$$

由图 4-6 可知,微波辐射后煤样脂肪烃/芳香烃降低,这是由于芳香簇含量增加而脂肪结构减少。煤中芳香烃、脂肪烃的相对含量与其变质程度关系密切,芳香环越多、脂肪侧链越少,煤结构越紧密,稳定性越强,因此,微波辐射会导致煤样变质程度的提高[51]。综上,微波辐射使得煤中脂肪烃发生分解并以挥发分的形式脱除,脂肪侧链缩短;含氧官能团减少,煤的亲水性降低;煤体发生芳构化反应及缩聚反应,芳香度提高。综合文献研究成果[50-53,55,64,146,150],微波辐射对煤体分子结构的作用机制见图 4-8。

研究表明,微波辐射下煤体分子结构的演化可能会影响其孔隙结构及其瓦斯吸附能力[55,146]:

(1)含氧官能团是煤中主要的亲水位及甲烷吸附位,微波辐射对物质的作

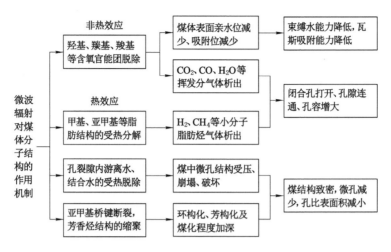

图 4-8　微波辐射对煤体分子结构的作用机制

用主要包括热效应及非热效应,由于大部分含氧官能团键能较低,微波热效应极易导致其受热分解,微波非热效应对煤中的极性含氧基团也有着特殊的脱除作用[154],这会导致煤表面亲水位的减少;同时,含氧官能团有较强的甲烷吸附能力[155],对甲烷气体而言,含氧官能团的存在降低了孔隙连通性,不利于其在孔裂隙内的流动[156]。因此,含氧官能团的微波脱除会导致煤体束缚水能力及瓦斯吸附能力降低,流动能力提高。

（2）微波辐射过程中,煤体大分子结构中含氧官能团的脱除,甲基、亚甲基等脂肪结构的受热分解会产生 CO_2、CO、H_2O、H_2 以及 CH_4 等小分子脂肪烃,这些物质会以挥发性气体的形式从煤体内部释放出来,物质流失及高温高压气体的冲击作用会导致闭合孔打开并连通,孔隙数量增多,孔容增大[64,157]。

（3）微波热效应导致煤体孔裂隙中的游离水蒸发、煤基质中的结合水受热脱除,在内外水蒸气压差、表面张力及热应力作用下,微孔结构受压、崩塌并破坏,同时,煤中亚甲基桥键的断裂导致环构化、芳构化加剧,煤体结构趋于致密,微孔减少,煤体孔隙的比表面积减小[51,150,158];王宝俊[159]利用蒙特卡洛（Monte Carlo）方法证实了煤对甲烷的吸附量随芳香结构单元堆砌层数的增加而降低,因此,微波辐射下煤体芳香度的增加会导致煤体瓦斯吸附能力的降低。

4.2　煤体孔隙结构分类及其表征体系

4.2.1　煤体孔隙结构分类

煤是一种非均质性极强的多孔介质,煤体孔隙结构,包括孔径分布、孔容、孔隙比表面积、弯曲度、孔隙度及孔间连通性等对瓦斯储运有极大影响。奥多 (Hodot)依据煤岩孔隙对煤层气储运的影响将煤体孔隙分为：微孔($<$10 nm)、小孔(10～100 nm)、中孔(100～1 000 nm)和大孔($>$1 000 nm)；国际理论与应用化学联合会(IUPAC)根据气体吸附差异性，将孔隙分为微孔($<$2 nm)、中孔(2～50 nm)和大孔($>$50 nm)[160]，其他孔隙分类方案见表 4-3。煤层孔隙研究方法主要包括显微观测法(定性)和流体注入法(定量)，见图 4-9。

表 4-3 煤层孔隙类型分类[161]

孔隙类型			尺度	分类依据	文献来源
成因分类	原生孔	组织孔	纳米	成煤植物细胞	张慧[162]（2001）
		粒间孔	微米	矿物颗粒与显微组分间	
		基质孔	微米	镜质体残留	
		晶间孔	微米	矿物晶体间	
	次生孔	后生 角砾孔	微米	构造应力	
		碎粒孔	微米	构造应力	
		淋滤孔	微米	流体侵蚀	
		变质 气孔	纳米-微米	煤化作用中的气体逸出	
		矿物 转换孔	纳米-微米	原生矿物转化	
		溶蚀孔	纳米-微米	原生矿物流体溶蚀	
孔径尺度分类	基于气体产出特征	微孔	$<$10 nm	孔径尺度	姚艳斌等[163]（2008）
		小孔	10～100 nm	孔径尺度	
		过渡孔	100～1000 nm	孔径尺度	
		大孔	$>$1000 nm	孔径尺度	
	基于气体赋存	微小孔	$<$2 nm	孔径尺度	IUPAC[160]（1982）
		中孔	2～50 nm	孔径尺度	
		大孔	$>$50 nm	孔径尺度	
	基于分形	扩散孔	$<$65 nm	气体流动行为	傅雪海等[164]（2005）
		渗流孔	$>$65 nm	气体流动行为	
	基于固气作用机理	微孔	$<$2 nm	气体吸收	桑树勋等[165]（2005）
		小孔	2～10 nm	气体吸附	
		中孔	10～100 nm	凝聚吸附	
		大孔	100～1 000 nm	气体渗流	
		超大孔	1 000～10 000 nm	渗流	

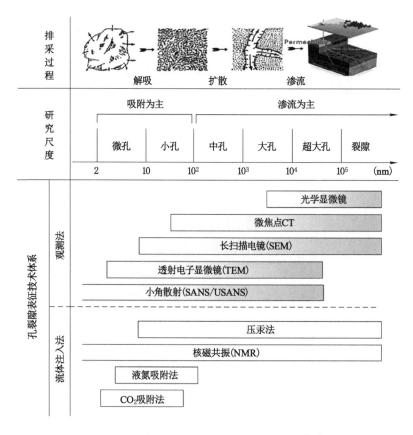

图 4-9　煤层孔隙结构分类及其表征体系[161]

4.2.2　扫描电子显微镜法

扫描电子显微镜(Scanning Electron Microscope,简称扫描电镜,SEM)是观测煤岩表面微观结构的有效手段。扫描电镜实验在中国矿业大学现代分析与计算中心进行,实验设备为美国 FEI 公司(原飞利浦电镜)设计生产的 Quanta^{TM} 250 型高分辨率多功能环境扫描电子显微镜(见图 4-10),Quanta^{TM}可用于表征各种材料的结构与成分,电镜搭载的 QUANTAX400-10 型能量色散谱仪(简称能谱仪,EDS)能够有效探测材料表面的化学元素。扫描电镜实验前,将样品制为直径 1 cm 以下的块状,然后在 70~80 ℃条件下恒温干燥 8 h,最后送至实验室做喷金处理后上机观察。

4.2.3　压汞法

压汞法是常用的煤岩孔隙分布表征方法,可以得到煤体孔径分布、总孔体

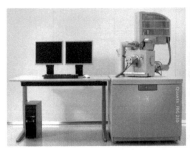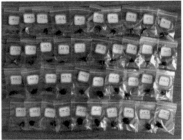

图 4-10　Quanta™ 250 型扫描电子显微镜及其样本

积、总孔比表面积、中值孔径及样品密度等。由于汞不能润湿固体,可以利用外部压力驱使汞进入材料孔隙中,进汞压力越高,其能进入孔的口径越小,通过测量不同压力下的进汞量即可得到相应孔径范围内的孔体积,这就是压汞实验的基本原理。压汞实验在重庆大学材料学院进行,实验仪器为美国 Micromeritics 公司设计生产的 AutoporeⅣ 9510 型全自动压汞仪(见图 4-11)。压汞实验所用煤样为体积在 1 cm³ 以内的块状样,考虑到高压对煤体孔隙结构的损伤作用,难以对同一煤样受载微波前后进行压汞实验,因此尽可能采用尺寸、形态和显微组分一致的同种煤样进行实验并保证实验条件的一致性。首先,将煤样密封于膨胀计内,然后,对膨胀计抽真空后填充汞并开始加压,同时记录进汞量随压力的变化情况,最后,通过沃什伯恩(Washburn)液体芯吸动力学方程得到煤样的孔隙分布:

$$r = -2\sigma\cos\theta/p \qquad\qquad (4\text{-}15)$$

式中　r——进汞压力 p 下所能测得的最小孔径,nm;

　　　　$\sigma = 4.8 \times 10^{-5}$ N/cm³——汞的表面张力;

　　　　$\theta = 140°$——汞与煤体表面的接触角。

4.2.4　核磁共振法

传统煤岩孔隙结构表征方法存在一定误差和局限性,例如气体吸附法测试周期较长,孔径的测试范围较小(见图 4-9)[36];压汞法必须修正高压汞对煤的弹性压缩效应,另外,压汞对孔隙的损伤导致样品无法重复使用[166];显微观测法只能得到样品局部孔隙信息而无法探测其空间分布规律;最重要的是,传统方法在制备样品时不可避免地会破坏其原生结构,从而造成测试误差,作为一种无损检测技术,核磁共振可以弥补这些不足。

核磁共振(NMR)是磁矩不为零的原子核的自旋能级在外磁场作用下发生塞曼分裂、共振并吸收一定频率射频辐射的物理过程[167]。¹H 核从高能态转变

图 4-11 Autopore Ⅳ 9510 型压汞仪

为低能态的过程称为弛豫，T_1 和 T_2 分别为纵向和横向弛豫时间[168]。由于 T_1 和 T_2 测试结果基本一致，而 T_2 的测试周期更短，因此一般采用 T_2 作为测试标准。目前，NMR 技术已经成为煤岩物性分析的有效手段。

NMR 弛豫包括自由弛豫 T_{2B}、表面弛豫 T_{2S} 和扩散弛豫 T_{2D}：

$$\frac{1}{T_2} = \frac{1}{T_{2B}} + \frac{1}{T_{2S}} + \frac{1}{T_{2D}} = \frac{1}{T_{2B}} + \rho_2\left(\frac{S}{V}\right) + \frac{D\left(\gamma G T_E\right)^2}{12} \qquad (4\text{-}16)$$

式中 ρ_2——横向表面弛豫率，m/s；

     S/V——孔表面积及与体积之比；

     D——分子扩散系数，m^2/s；

     γ——旋磁比，MHz/T；

     G——场强梯度，T/m；

     T_E——回波间隔，s。

由于水的黏度较小，水和煤的磁化率差异也较小，因此，自由弛豫和扩散弛豫可以忽略，则式(4-16)可以简化为[169]：

$$\frac{1}{T_2} \approx \frac{1}{T_{2S}} = \rho_2 \left(\frac{S}{V}\right) \tag{4-17}$$

将煤体孔隙简化为球状或柱状,则式(4-17)可写为[170]:

$$\frac{1}{T_2} \approx \frac{1}{T_{2S}} = \rho_2 \left(\frac{F_s}{r}\right) \tag{4-18}$$

式中　F_s——几何形状因子;

　　r——孔隙半径。

由式(4-18)可知 T_2 与孔隙半径成正比,对于煤而言,$T_2 < 10$ ms 代表微孔,10 ms $< T_2 < 100$ ms 代表中孔,$T_2 > 100$ ms 代表大孔和微裂隙[36,167]。此外,T_2 峰面积反映了孔、裂隙数量,峰宽代表了某类孔隙的孔径范围大小,峰个数及峰间连通性反映了孔隙间的连通情况[169]。煤的 NMR 测试通常分为饱水状态(S_w)和束缚水状态(S_{ir}),饱水状态即利用真空饱水机将煤样完全饱水,束缚水状态即利用真空干燥箱将煤样干燥至恒质量,此时,煤样中自由水完全消失而只有束缚水残留,S_w 和 S_{ir} 条件下的核磁共振谱分别反映了煤中全孔隙和闭合孔隙[34,36]。

由核磁共振测得的煤样总孔隙率(NMR 孔隙率,φ_T)即煤中被束缚水和自由水占据的孔隙体积分数,包括束缚流体孔隙率(φ_I)及自由流体孔隙率(φ_P)。φ_I 和 φ_P 分别代表闭合孔和开放孔,为计算 φ_T,准备了 $CuSO_4$ 溶液以建立孔隙率与流体体积间的标准方程[171]:

$$\varphi_T = \frac{V'}{V} \times 100\% = \frac{6S + 9\,250}{10\,000V} \times 100\% \tag{4-19}$$

式中　V', V——溶液和煤样体积,cm^3;

　　S——T_2 谱的积分面积,可通过下式计算:

$$S = \int A(T_i)\mathrm{d}T \tag{4-20}$$

式中　A——T_i 时刻的振幅。

通过对比 S_w 和 S_{ir} 条件下的核磁共振谱可以得到 φ_I 和 φ_P[36]:

$$\varphi_P = \frac{I_{BF}}{I_{BF} + I_{FF}} \times \varphi_T; \varphi_I = \frac{I_{FF}}{I_{BF} + I_{FF}} \times \varphi_T \tag{4-21}$$

式中　I_{BF}——束缚流体饱和度;

　　I_{FF}——自由流体饱和度。

为得到这两种饱和度,将 T_2 谱转化为图 4-12 所示的累计谱。

由式(4-21)可知,不同类型孔隙的孔隙率可以表示为:

$$\varphi_{Pi} = \frac{S_i}{S} \times \varphi_P; \varphi_{Ii} = \frac{S_i}{S} \times \varphi_I \tag{4-22}$$

式中　$i = 1, 2, 3$——分别代表大孔、中孔和微孔;

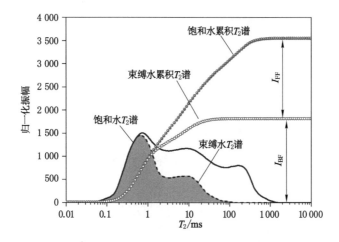

图 4-12　束缚流体饱和度和自由流体饱和度的求取方法

S_i——核磁共振谱中不同类型孔隙对应的积分面积；

S——T_2 谱总的积分面积。

计算公式如下：

$$S_1 = \int_0^{10} A(T_i)\mathrm{d}T;S_2 = \int_{10}^{100} A(T_i)\mathrm{d}T;S_3 = \int_{100}^{10\,000} A(T_i)\mathrm{d}T \qquad (4\text{-}23)$$

尽管煤样渗透率不能通过核磁共振直接测得，却可以利用核磁共振谱的孔隙分布及连通特征间接推导。当前，NMR 渗透率的计算模型主要有三种：PP 模型、Coates 模型和 SDR 模型[169]，PP 模型和 Coates 模型适用于高透油气储层的渗透率而不适用于煤等低透储层[170]，因此，本书采用 SDR 模型计算渗透率：

$$k_{\mathrm{N}} = 0.022\,4 \times (T_{2\mathrm{g}}^{\mathrm{a}})^{1.534} \times (T_{2\mathrm{g}}^{\mathrm{b}})^{0.182} \qquad (4\text{-}24)$$

式中　k_{N}——NMR 渗透率，mD；

$T_{2\mathrm{g}}^{\mathrm{a}}$，$T_{2\mathrm{g}}^{\mathrm{b}}$——$S_{\mathrm{w}}$ 和 S_{ir} 条件下的 T_2 几何平均值，计算如下：

$$T_{2\mathrm{g}} = \exp\left(\sum_{T_{2\mathrm{S}}}^{T_{2\max}} \frac{A_i}{A_{\mathrm{T}}}\ln T_{2i}\right) \qquad (4\text{-}25)$$

式中　$T_{2\mathrm{S}}$——横向弛豫时间初始值；

$T_{2\max}$——横向弛豫时间最大值；

A_i——T_{2i} 时刻振幅；

A_{T}——全振幅。

核磁共振测试采用苏州纽迈分析仪器股份有限公司设计生产的 MINI MR 型岩心核磁共振分析仪，见图 4-13。

图 4-13 MINI MR 型核磁共振分析仪

4.3 基于压汞法的煤体孔隙结构微波响应

4.3.1 孔隙结构演化特征

考虑到煤中水分对微波的强吸收性,分别研究干燥煤样和润湿煤样孔隙结构的微波响应(润湿煤样通过真空饱水机获取),为了防止外加水分对压汞结果的影响,在微波辐射后、压汞测试前均对煤样进行充分干燥处理。根据压汞实验结果计算出的原煤及微波辐射煤样的孔隙结构参数见表 4-4(包括总孔体积、比表面积、平均孔径、孔隙率及渗透率),其中,WJ-01 为原始煤样,WJ-02~WJ-09 对应干燥煤样受不同微波能量辐射后的压汞结果,WJ-10~WJ-16 对应含水率各异的润湿煤样受 480 kJ 微波能量辐射后的压汞结果。

表 4-4 原煤及微波辐射煤样压汞测试结果

煤样	初始含水率/%	微波能量/kJ	总孔体积/(mL/g)	比表面积/(m²/g)	平均孔径/nm	孔隙率/%	渗透率/mD
WJ-01	0	0	0.125 5	42.878	15.0	14.497 5	35.233 0
WJ-02	0	120	0.139 0	40.397	14.4	16.057 0	40.288 2
WJ-03	0	240	0.133 2	34.835	18.7	12.774 7	49.696 5
WJ-04	0	360	0.140 0	33.434	23.4	15.432 9	68.368 1

表 4-4(续)

煤样	初始含水率/%	微波能量/kJ	总孔体积/(mL/g)	比表面积/(m²/g)	平均孔径/nm	孔隙率/%	渗透率/mD
WJ-05	0	480	0.154 2	25.332	32.8	15.670 1	74.287 9
WJ-06	0	600	0.150 6	25.108	33.0	16.571 8	83.706 2
WJ-07	0	720	0.207 0	23.466	62.4	22.026 1	99.422 3
WJ-08	0	840	0.231 6	19.203	67.4	25.391 6	103.003 1
WJ-09	0	960	0.274 6	18.107	86.9	30.647 6	112.069 3
WJ-10	2.26	480	0.227 3	22.762	46.9	24.858 1	99.864 3
WJ-11	4.97	480	0.262 3	19.203	49.2	28.820 0	120.474 6
WJ-12	5.96	480	0.274 6	18.107	60.6	30.338 4	160.345 9
WJ-13	7.56	480	0.347 4	12.659	112.7	34.240 7	190.523 4
WJ-14	9.73	480	0.450 6	15.872	172.8	39.511 5	282.042 4
WJ-15	10.62	480	0.460 6	11.422	187.0	51.446 4	447.580 3
WJ-16	12.14	480	0.370 0	5.694	154.9	40.545 4	287.832 5

　　为研究微波辐射下煤体孔隙结构演化规律,引入孔隙结构参数增加率的概念,例如:总孔体积增加率指微波辐射后的煤样总孔体积较原始煤样总孔体积增加量的百分数(正值代表增加,负值代表减少),图 4-14 为煤样各孔隙结构参数增加率随微波能量及初始含水率的变化情况。由该图可知,微波辐射后煤体孔隙结构显著变化,总孔体积、平均孔径、孔隙率及渗透率整体呈增大的趋势,而总比表面积呈减小的趋势。下面具体分析:

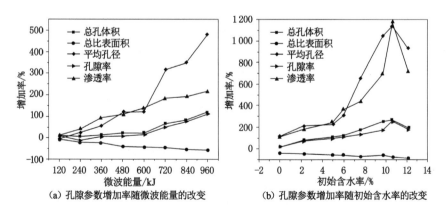

(a) 孔隙参数增加率随微波能量的改变　　(b) 孔隙参数增加率随初始含水率的改变

图 4-14　煤样孔隙结构参数增加率随微波能量及初始含水率的改变

1) 总孔体积与孔隙率

煤样总孔体积与孔隙率的变化具有较强同步性,随着微波辐射能量的提高,总孔体积与孔隙率虽出现一定波动,整体仍呈上升趋势,当微波能量由 0 kJ 增大到 960 kJ 时,总孔体积由 0.125 5 mL/g 增大到 0.274 6 mL/g(增加率达 118.8%),对应的孔隙率也由 14.497 5% 增大到 30.647 6%(增加率达 111.4%)。当微波能量较小时,煤体温度较低,虽然有少量不稳定官能团及游离水脱除,煤体分子结构却未发生显著改变,总孔体积及孔隙率变化较小;随着微波能量的持续提高,微波热效应逐渐增强,大量水分蒸发导致孔隙膨胀,孔容增大;当微波能量达到 600 kJ 后,煤中脂肪结构受热分解,含氧官能团及结合水转化为挥发分而大量脱除,同时芳香结构缩聚,导致大量闭合孔打开并连通形成开放孔或半开放孔,由于开放孔和半开放孔是压汞可测的有效孔隙,总孔体积及孔隙率显著增大。由图 4-14(b)可知,随着煤样初始含水率的增大,总孔体积及孔隙率先增大后减小,这是由于随着初始含水率的增大,一方面,煤体介电常数迅速升高,微波产热能力增强,另一方面,大量水分蒸发产生了较高的蒸气压,煤体在高温高压环境下开孔、扩孔、疏孔效应愈发显著,从而导致孔容大幅提升;而当含水率增大到一定值时,一方面,水分蒸发散热效应逐渐显现,导致煤体升温速率减慢,另一方面,部分微孔结构受压崩解,从而导致孔容降低。

2) 总比表面积

由图 4-14 可知,随着微波能量或煤体初始含水率的提高,煤的总比表面积均呈降低的趋势,当微波能量由 0 kJ 增大到 960 kJ 时,总比表面积由 42.878 m²/g 降低到 18.107 m²/g(增加率达 -57.77%)。一般来讲,煤体孔隙比表面积的大小决定了其吸附瓦斯能力的强弱,开放孔总体积的大小决定了瓦斯渗流能力的强弱。在相同微波辐射条件下,总比表面积增加率均小于总孔体积增加率,因此,微波辐射对煤体瓦斯吸附能力的改造效果较弱,而对瓦斯渗流能力的改造效果较强。研究表明[172],煤中微孔对其总比表面积的贡献最大,一方面,微波脱水导致煤中微孔结构受压、崩塌、破坏,另一方面,水分及挥发分的脱除导致部分微孔扩大、连通并转变为更大级别的孔隙,因此,微波辐射下煤体总比表面积的减小是微孔大量减少的结果。

3) 平均孔径与渗透率

由图 4-14 可知,煤体平均孔径与渗透率随微波能量或初始含水率的变化规律与总孔体积及孔隙率类似,不同的是,其增加率远高于总孔体积及孔隙率增加率,当微波能量由 0 kJ 增大到 960 kJ 时,平均孔径由 15 nm 增大到 86.9 nm(增加率达 479.33%),究其原因,可能是由于微波辐射下煤中的微、小孔发生破裂,在其端部形成楔形裂纹或被其他裂隙贯通,从而转变为中、大孔,当微波能量较低时,中孔形成较多,而当微波能量较高时,大孔形成较多,同时,微波辐射亦会导致中孔发生破裂而转变为大孔从而致使中孔减少[173];另一方面,随着煤体初始含水率的提高,水分依次进入开放的大孔、中孔、小孔及微孔,微波对水的强热效应会首先改造中、大孔继而改造微、小孔,也就是说,微波辐射能够促使煤体孔隙向更大级别的孔隙转变,而这种转变效率与微波能量或煤体初始含水率呈正相关关系,微波辐射作用下,煤中大量闭合孔转变为开放孔或半开放孔,孔喉增大,从而导致煤体渗透率的不断增大,瓦斯渗流能力大大增强。

4.3.2 孔径分布特征

图 4-15 和图 4-16 分别为煤样孔体积及比表面积分布随微波能量及初始含水率的改变情况。根据图 4-15(a),压汞可测的有效孔径范围为 $3\sim3.5\times10^5$ nm,原始煤样孔隙呈波动分布,微孔、中孔较多,而小孔、大孔较少,在 2 550~6 580 nm 孔径段没有大孔分布,即出现孔径断层,在 4.02 nm、284.5 nm 及 7 241 nm 处出现孔体积峰值,意味着该孔径下的孔隙数量最多;当微波能量达到 240 kJ 时,微孔变化较小,小孔及中孔段曲线右移,同时部分小孔减少而中、大孔显著增多,这说明微波辐射不仅会导致煤中大量闭合孔打开,还会引起孔隙破裂并结合为更大的孔隙,同时还会产生少量微裂隙;当微波能量达到 480 kJ 时,微孔、小孔发生崩解而减少,中孔显著增多,达到 0.125 mL/g,大孔变化较小,而孔径在 10^5 nm 左右的微裂隙增多,这说明微波辐射对煤体中孔及微裂隙的作用效果最为显著;当微波能量达到 960 kJ 时,微孔、小孔继续减少,而中孔数量也出现小幅下降,这可能是微波热效应下产生的碎屑堵塞孔隙所致,同时,微裂隙显著增多,达到 0.1 mL/g。综上,微波辐射会导致微孔、小孔等吸附孔减少,中孔、大孔等渗流孔及微裂隙增多,因此是促进瓦斯解吸与渗流的有效措施。再看图 4-15(b),由于润湿煤样是采用真空饱水机制作而成,当饱水时间较短时,含水率较低,水分只能进入孔径较大的开放孔隙,而随着饱水时间的延长,含水率逐渐升高,水分能够依次进入较小的开放孔及半开放孔。煤体初始含水率的提高增强了微波热效应,高温下微裂隙内的水分大量蒸发,蒸气压力及热应力撕裂煤体会导致微裂隙大幅增多,当初始含水率达到 12.14% 时,微裂隙体积达到 0.55 mL/g,这是增大微波能量难以达到的水平(图 4-15a);由 4.3.1 分析可知煤体含水率的提高对煤体孔隙结构的微波热改造具有正负两种效应,这种现象也体现在煤体中孔体积的变化上,随着含水率的增大,中孔体积先增大后减小;由于常压下水分难以进入煤体微孔及小孔,因此,在相同微波能量作用下,不同初始含水率煤样的微孔、小孔具有相似的分布规律。综上,煤体初始含水率的增大有助于微波致裂,而大量裂隙的形成对煤层气产出大有裨益。

由图 4-16(a)可知,随着孔径的增大,比表面积持续减小,微孔对比表面积的贡献最大,当微波能量达到 240 kJ 时,由于微孔受到的影响较小,煤体孔隙比表面积分布未发生显著变化,随着微波能量的继续升高,微孔崩解、破裂并转化为

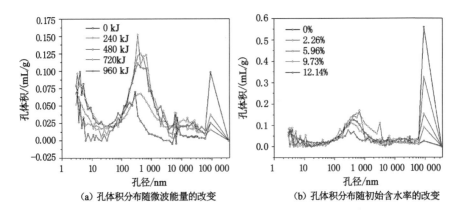

图 4-15　煤样孔体积分布随微波能量及初始含水率的改变

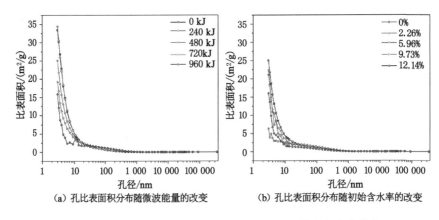

图 4-16　煤样孔比表面积分布随微波能量及初始含水率的改变

孔径较大的孔隙,因此,微波比表面积显著降低,而中孔比表面积出现上扬。再看图 4-16(b),随着煤体初始含水率的增大,微孔比表面积先减小后增大,而小孔、中孔比表面积持续减小,这也与上文微波热效应的分析相呼应。综上,微波辐射显著降低了煤体孔隙比表面积,有利于瓦斯解吸。

4.3.3　孔隙形态演化特征

煤体孔隙按照形态可分为开放孔、半开放孔和闭合孔,由于汞无法进入闭合孔内,压汞法只能用于表征开放孔和半开放孔。"孔隙屏蔽效应"会导致退汞滞后,由进、退汞曲线滞后特征可以对煤体孔隙形态做定性判断:开放孔会导致退汞曲线形成显著"滞后环";半开放孔由于进、退汞压力相等而不具备"滞后环";"墨水瓶孔"由于孔口与孔体退汞压力不同可形成"突变型滞后环"[174]。蔡益栋

(Y. D. Cai)等归纳出四种典型孔隙结构模型及其对应的压汞进退汞曲线,如图 4-17 所示,平板型开放孔(c)对应的"滞后环"最为宽大,进汞速度先慢后快;对于孔喉比(孔径与喉道直径之比)较大的开放孔(a、b),其进退汞曲线呈波动变化,"滞后环"也较为显著;而对于孔喉比较大的半开放孔(d),即"墨水瓶孔",其进退汞曲线呈波动变化,而"滞后环"却大幅缩减[175]。

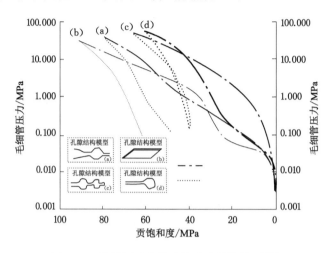

图 4-17　煤样压汞曲线及其孔隙结构模型[175]

不同微波能量下煤样压汞进、退汞曲线见图 4-18,根据式(4-15)可以将曲线分为大孔段(0.53～171.68 psia)(1 psia＝6.895 kPa,下同)、中孔段(171.68～1 896.27 psia)、小孔段(1 896.27～16 370.1 psia)及微孔段(16 370.1～59 951.02 psia)。

由图 4-18 可知,原始煤样进汞曲线呈波动分布,说明煤中孔隙形态极不规则,孔喉比较大,大孔段前端(0.53～2 psia)进汞速度较快,这可能是汞开始进入煤体微裂隙的结果,而大孔段后端(2～171.68 psia)进汞速度减缓,表明原始煤样大孔发育程度较差,大部分大孔呈闭合态或半开放态,因此进汞阻力较大,同理,进汞速度在中-小-微孔段依次呈现快-慢-快的变化规律说明原煤微孔、中孔发育程度较高,而开放性小孔较少,这种极不平衡的孔隙分布特征对瓦斯运移极为不利,另外,进、退汞曲线基本平行且开口较小,压汞"滞后环"较小且在各孔径段呈均匀分布,说明孔隙结构中的闭合孔、半开放孔较多,孔隙连通性较差,有利于瓦斯储集而不利于产出;当微波能量达到 240 kJ 时,煤样进汞曲线发生显著变化,累计进汞量由 0.125 52 mL/g 增大到 0.171 03 mL/g,表明微波辐射增大了煤体总孔体积,大孔段及中孔段进汞速度迅速增大而小孔段及微孔段进汞速度无显著变化,另外,压汞"滞后环"面积在中、大孔段逐渐增大,这表明微波辐射

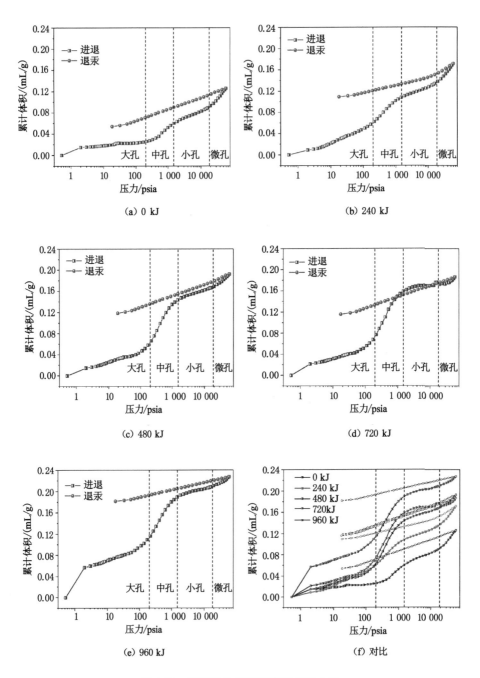

图 4-18　不同微波能量下煤样压汞曲线

能够显著增加中、大孔体积及孔间连通性,导致大量闭合型中、大孔转变为开放孔;当微波能量增大到 480 kJ 时,累计进汞量增大到 0.185 92 mL/g,中孔段进汞速度继续增大而小孔段及微孔段进汞速度减小,尤其是微、小孔段压汞"滞后环"面积大幅缩减,这说明当微波能量持续增加时,微小孔发生崩解、破裂,部分转化为中、大孔,也有部分转变为闭合孔;当微波能量提高到 960 kJ 时,累计进汞量增大到 0.227 33 mL/g,此时,中孔、小孔及微孔进汞速度及"滞后环"变化较弱,而大孔尤其是微裂隙进汞速度持续增大,这表明高能微波对煤体有显著致裂效果。

综上,微波辐射能够显著减小微、小孔比例,同时,增大煤中的中、大孔比例;有助于将闭合孔转化为开放孔或半开放孔;同时有利于微裂隙的产生;这种孔隙结构调整模式有利于瓦斯解吸与渗流。

油气开采中,沟通两孔间的狭窄通道称为孔喉,见图 4-19。孔喉测定方法有多孔隔膜法、离心法和压汞法,根据毛细管压力与饱和度的关系图得出孔喉大小分布曲线[176]。孔喉比即孔隙直径与孔喉直径之比,是孔隙结构的重要特征参数。在油气开采过程中,储层孔隙中的油气都是通过喉道及裂隙流往开采井的,当孔喉比较小时,油气运移比较顺畅;而当孔喉比较大时,从孔隙到喉道,油气运移通道由大变小,通道直径小了,流体前缘弯液面的曲率半径也变小,接触角也随之变小,这样毛管力就会增大,油气的运移阻力也加大。因此,孔喉比越小,越有利于油气开发。

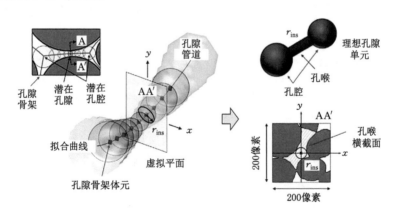

图 4-19　煤岩孔喉结构模型[177]

图 4-20 为压汞测得的不同煤样的孔喉比分布情况,由图可知:随着微波能量的提高,煤体孔喉比逐渐减小,可能的原因无外乎以下几点:

① 喉道内的水分及矿物质挥发,扩大了喉道直径;

② 高温高压水蒸气的冲蚀作用疏通了喉道;

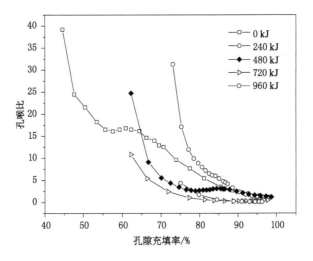

图 4-20　不同微波能量下煤样孔喉比分布

③ 闭合孔及半开放孔打开并相互连通；

④ 微波非均质加热形成的热应力撕裂煤体,并催生出微裂隙[173]。

由此可见,微波注热有利于优化煤体孔隙结构,使直径不同的孔隙结构趋于均一分布,这将有助于增大煤体渗透率。

4.4　基于核磁共振法的煤体孔隙结构微波响应

4.4.1　干燥煤样孔隙结构的微波响应

首先,考察微波辐射对干燥煤样孔隙结构的影响,实验采用圆柱形 WJ 煤样。将原始煤样完全饱水后,测得 S_w 状态下的 T_2 谱;然后,将煤样完全干燥,测得 S_{ir} 状态下的 T_2 谱;此后,对煤样进行不同能量的微波辐射;最后,再次对煤样测取 S_w 和 S_{ir} 状态下的 T_2 谱。对比微波辐射前后,不同含水状态下的核磁共振谱可以得到其孔隙结构特征。

图 4-21 为干燥煤样受不同能量微波辐射前后 S_w 和 S_{ir} 状态下的 T_2 谱图。S_w 状态下原煤的 T_2 谱包含三个相互独立的波峰(P_1 较高、P_2 次之、P_3 最矮),说明原煤中微孔和中孔较多而大孔较少。相较于 S_w 状态,S_{ir} 状态下原煤的 T_2 谱中 P_1 几乎不变、P_2 大幅降低、P_3 消失,这说明在煤样干燥过程中大孔及部分中孔内的水分消失而微孔内的水分几乎不变,也就意味着微孔闭合性较强、而中孔和大孔连通性较强。当煤样受 60 kJ 的微波辐射后,S_w 和 S_{ir} 状态下的 P_1 均右移,表明微波辐射导致煤中微孔扩张;当微波能量增大到 120 kJ 后,P_1 向右

下方移动，P_1 和 P_2 之间的波谷出现小幅上升，表明相邻微孔在微波热效应下逐渐连通并融合为更大的孔隙；随着微波能量继续增大，P_1 大幅下降，而 P_2 和 P_3 相继升高，这可能说明部分微孔发生破裂而打开且有更大的孔隙生成；当微波能量增大到 300 kJ 时，S_{ir} 状态下的 T_2 谱显著降低而 S_w 状态下的 T_2 谱仍有升高，这可能是因为很大一部分闭合孔被打开并连通到微裂隙中。

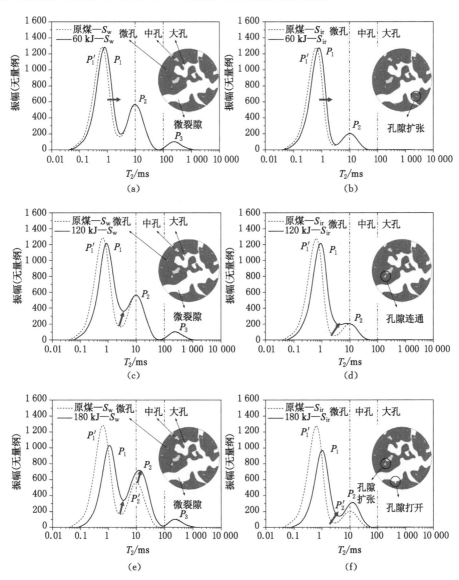

图 4-21 不同微波能量下干燥煤样的 T_2 谱演化

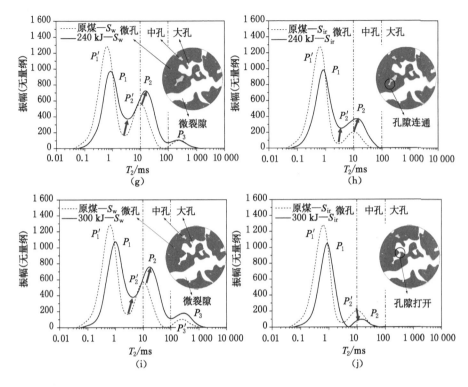

图 4-21　（续）

当煤样受低能量微波辐射时,闭合孔内的水分首先被加热并脱除,一方面,在失水收缩力的作用下微孔崩塌,另一方面,水分被蒸发并驱出形成高压蒸气,这种高压蒸气会逐渐导致孔隙结构打开并连通。此外,煤中的极性矿物质如黄铁矿在微波作用下会氧化为磁黄铁矿从而被高温高压蒸气带出。随着微波能量的增大,水分蒸发效应和矿物脱除效应加剧,导致孔隙扩张、打开并连通。

结合图 4-21 的结果和式(4-19)~式(4-25)可以算得不同微波能量下干燥煤样的 NMR 孔隙率及渗透率演化规律,见图 4-22。当微波能量低于 120 kJ 时,尽管煤中孔隙尺寸及数量不断改变(图 4-21),其 NMR 孔隙率基本保持不变;当微波能量继续升高时,总孔隙率及自由流体孔隙率逐渐增大,而束缚流体孔隙率减小[173];当微波能量达到 200 kJ 时,自由流体孔隙率超过了束缚流体孔隙率。这些现象表明微波辐射有助于煤体孔隙的打开并连通,从而有利于流体渗流。随着微波能量的增大,微孔孔隙率(尤其是闭合孔)显著减小而中孔孔隙率及大孔孔隙率(尤其是开放孔)显著增大。

由图 4-22 还可知,随着微波能量的增大,煤样 NMR 孔隙率和渗透率分别增大了 17% 和 428%。研究表明,煤中水分的存在会使其渗透率降低两个数量

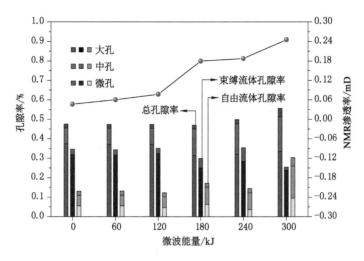

图 4-22　不同微波能量下干燥煤样的 NMR 孔隙率及渗透率演化

级以上[178],因此,微波辐射对煤体来说是一个脱水、增透的过程。

4.4.2　富水煤样孔隙结构的微波响应

考虑到煤中水分对其微波响应的特殊作用,特制备了富水煤样,煤样在干燥的基础上利用真空饱水机饱水不同时间后取出,再利用称重法得到煤样的初始含水率。

图 4-23 即为 S_w 状态下不同能量微波辐射前后富水煤样的 T_2 谱演化规律。由图可知:微波能量对干燥煤样和富水煤样具有相似的作用效果,随着微波能量的增大,T_2 谱峰总是向着更大的横向弛豫时间(对应着更大的孔隙)偏移,表明微波辐射下煤体孔隙的扩张;另外,P_1 幅值降低而 P_2 和 P_3 幅值升高,意味着煤体孔隙的融合;再者,T_2 谱的峰间波谷逐渐升高,说明煤体孔隙间的连通性增强。当微波能量保持不变时,T_2 谱的峰值随着煤样初始含水率的增大而增大。

以微波能量为 60 kJ 为例,当煤样初始含水率为 1％时[图 4-23(b)],其 T_2 谱相较于干燥煤样几乎保持不变,这可能是因为该煤样饱水时间较短,含水率较低,利用真空饱水机向煤样内注入的水分全部或大部分滞留在煤体微裂隙或超大孔隙内,而尚未渗入大孔或更小的孔隙中,从而无法在核磁共振 T_2 谱中显示,因此,煤体内受微波辐射的水分在流-固演化过程中对孔隙结构的改造作用微乎其微。由于在饱水过程中煤体表面或次表面部分孔隙不可避免地会被水分润湿或占据,这就导致了 120 kJ 微波能量辐射下煤体孔隙数量的少量增多。当煤样含水率增大到 3％时[图 4-23(c)],利用饱水机向煤样内注入的水分几乎充满了煤体裂隙并逐渐向内部大孔渗透,微波辐射作用于大孔内的水分时其蒸发

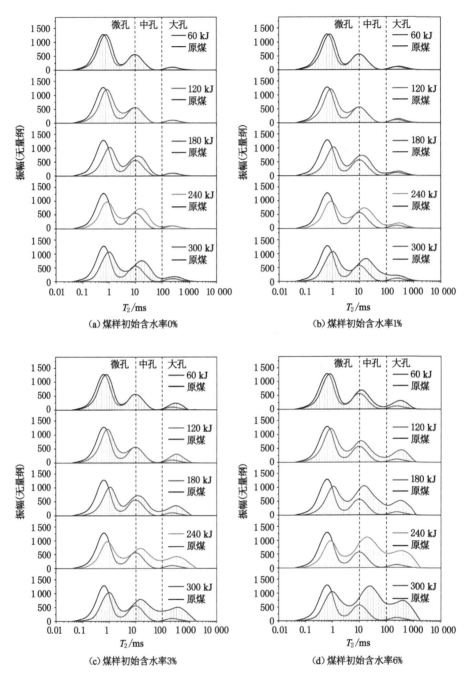

图 4-23 不同微波能量下富水煤样的 T_2 谱演化

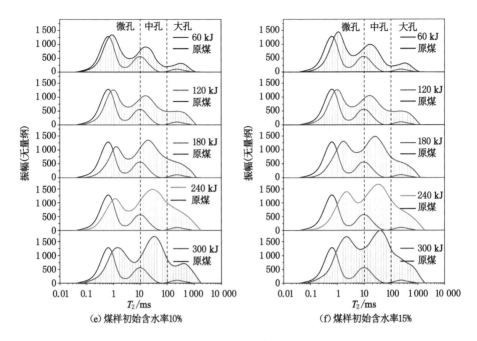

图 4-23 （续）

喷射作用会导致孔隙的扩张，由此就可以解释此时 P_3 幅值的升高；微波对煤体大孔的扩张效应一直持续到初始含水率为 6%[图 4-23(d)]，此时部分水分开始向煤体中孔转移，在微波辐射下煤体中孔孔径增大、数量增多，当微波能量达到 180 kJ 时，P_2 幅值超过了 P_1 幅值，说明此时煤中的中孔占据主导地位；当煤样初始含水率继续增大到 10%时[图 4-23(e)]，P_1 和 P_2 幅值同时增大而 P_3 幅值保持不变，这可能是因为此时煤体大孔已经处于饱水状态而中孔和微孔尚未达到完全饱和；当煤样初始含水率继续增大到 15%时[图 4-23(f)]，P_1 幅值继续增大而 P_2 和 P_3 的幅值增速趋于停滞，证明此时煤中所有中孔和大孔均被水充满，另外，随着微波能量的增大，原本相互孤立的 P_2 和 P_3 逐渐融合，煤样的 T_2 谱由初始的三峰分布逐渐过渡到双峰分布，意味着微波辐射有助于煤体孔隙的相互连通。

研究表明，微波辐射下煤体内的矿物质流失、水分蒸发及大分子结构热解会对煤体孔隙结构产生深远影响并由此改变煤体孔隙率和渗透率。图 4-24、图 4-25及图 4-26 分别展示了不同微波能量下富水煤样总孔隙率、自由流体孔隙率及 NMR 渗透率的演化规律。

由图 4-24 和图 4-25 可知：由于煤中束缚水所占比例较低，煤样总孔隙率及自由流体孔隙率随微波能量及煤样初始含水率呈相似的变化规律。原始煤样的

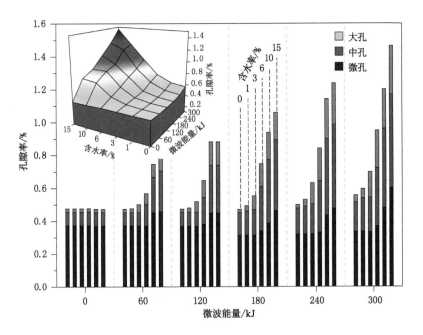

图 4-24　不同微波能量下富水煤样总孔隙率演化

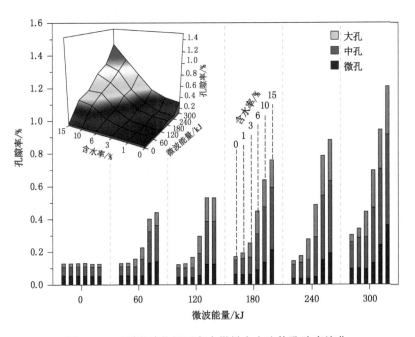

图 4-25　不同微波能量下富水煤样自由流体孔隙率演化

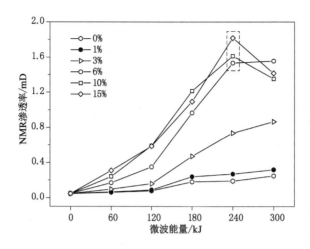

图 4-26 不同微波能量下富水煤样的 NMR 渗透率演化

总孔隙率及自由流体孔隙率分别为 0.48％和 0.13％,两种孔隙率均随着微波能量的增大而线性增大,随着初始含水率的增大呈指数型增大,当初始含水率由 0％增大到 3％时,孔隙率增大了 17％～46％;孔隙率的变化趋势不同于孔径,随着微波辐射的进行,大孔及中孔的孔隙率同时增大而微孔的孔隙率减小;当煤样初始含水率超过 6％时,煤体孔隙率迅速增大 98％～211％,微孔的孔隙率增速较缓而中孔和大孔的孔隙率加速增大,同时,中孔的增幅最大,这表明微波辐射下煤样初始含水率的增大通过增大煤中的中孔及大孔的比例并增强孔隙连通性来改造煤体孔隙结构。

由图 4-26 可知:随着煤样初始含水率的增大,微波辐射下煤体 NMR 渗透率逐渐升高,当含水率低于 1％、微波能量低于 120 kJ 时,微波辐射催生出的孔、裂隙较少,因此煤样渗透率几乎保持不变;随着微波能量的继续增大,渗透率逐渐升高,当煤样初始含水率为 3％～6％时,渗透率迅速增大,这可能是因为微波辐射导致煤体内孔隙逐渐扩张、连通并融合,同时,新裂隙也逐渐生成;当煤样初始含水率超过 6％时,微波能量达到 300 kJ 后,渗透率出现小幅回落,这可能是因为微波辐射时间的延长导致煤体热传导逐渐均化温度场(即时温度场趋于均匀分布),煤体热应力减小从而导致裂隙减少、渗透率降低。

4.5 微波辐射下煤体孔隙结构演化模式

本节借助扫描电镜及能谱仪对微波辐射前后的煤体表面结构、形态及元素分布进行对比分析。四种原始煤样不同位置处的扫描电镜结果见图 4-27,整体来看,原始煤样孔隙形貌具有以下特征:

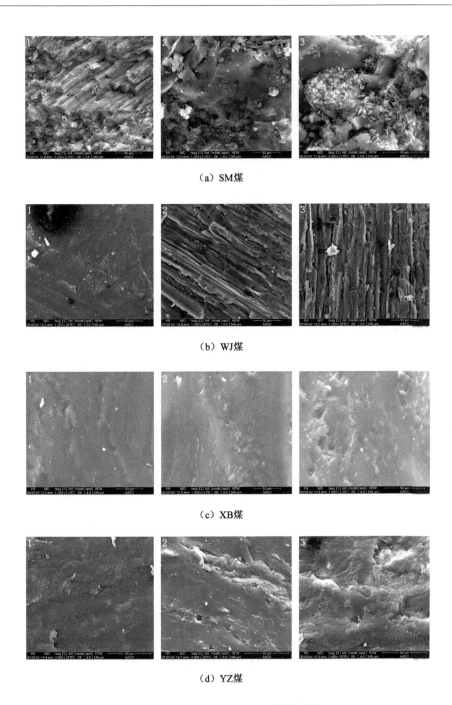

(a) SM煤

(b) WJ煤

(c) XB煤

(d) YZ煤

图 4-27 原始煤样的扫描电镜结果图

① 原始煤样表面致密,孔、裂隙发育较弱,多见单孔,孔间连通性较差(图 d2);

② 各煤种孔、裂隙中均有大量矿物质充填(图 b1、b3、c1);

③ SM 煤表面疏松,附着有很多有机碎屑(图 a3),以组织孔和碎粒孔为主;

④ WJ 煤表面呈条带状错列(图 b2),以晶间孔和溶蚀孔为主;

⑤ XB 煤表面较为平整,孔、裂隙发育较少(图 c3);

⑥ YZ 煤表面存在许多片状碎屑(图 d1),以气孔为主。

图 4-28 为四种煤样经微波辐射后的扫描电镜结果,相对于原始煤样,微波辐射后的煤样孔隙结构呈现以下特征:

① 煤样经过微波辐射后,表面变得疏松、碎裂,孔隙大量发育,孔隙多见成群(图 a3)或成带(图 c3)分布,孔间连通性提高,这是由于微波辐射下,煤中的水分、含氧官能团和甲基、亚甲基等脂肪结构受热脱除,从而产生 CO_2、CO、H_2O、H_2 和 CH_4 等高温高压气体,气体对孔壁的冲击作用会导致闭合孔打开并连通,孔隙数量增多,孔容增大[64,157];

② 微波辐射对煤体有显著的致裂作用(图 a2、b3、c1),这是微波选择性加热的结果,由于煤体结构的异质性较强,水分及矿物质分布极不均一,这导致煤体不同位置处介电常数存在较大差异,在微波辐射下,介电常数较高的区域受热较强并迅速膨胀,而介电常数较低的区域膨胀较弱,这种不均匀膨胀会引发热应力,热应力撕裂了原生裂隙,并催生了新生裂隙,进而沟通了孔隙结构[35,68];

③ 煤体孔、裂隙中的矿物质大量减少,这是因为矿物质的介电常数通常较大,吸收微波并转化为热的能力较强,在微波热效应作用下率先解离并被水蒸气带出,大量孔、裂隙被疏通;

④ 随着微波功率的增大,微波输入能量逐渐增强,煤体温度逐渐升高,微波对煤体孔、裂隙的作用愈加显著;

⑤ 微波辐射后,SM 煤孔、裂隙内的有机碎屑大量消失,碎屑对孔隙的封堵作用减弱,在煤样脱水收缩、分解气体冲蚀及热应力的综合作用下,数条裂隙发育(图 a1),除了组织孔和碎粒孔外,还有大量气孔生成并相互连通(图 a2、a3);

⑥ 微波辐射后,WJ 煤条带状孔隙群内的矿物质大量流失,煤体表面变得更加疏松、崎岖(图 b1、b2),孔隙结构复杂,孔隙类型多样,孔径范围较大,同时,煤体表面出现许多片状碎屑(图 b3),这可能是气体冲蚀作用下部分孔隙崩解所致;

⑦ 微波辐射后,XB 煤发育出数条裂隙(图 c1),裂隙的存在贯通了较小的孔隙,从而增强了孔隙与孔隙之间、孔隙与裂隙之间的连通性,此外,还形成了气孔窝和气孔群(图 c2);

⑧ 当微波功率为 1 kW 时,YZ 煤出现一些细小孔隙,并在孔隙间发育出开度较小的裂隙,当微波功率为 2 kW 时,YZ 煤出现大量气孔,并伴随着孔隙破裂现象,当微波功率为 3 kW 时,YZ 煤气孔逐渐扩宽、加深并与周围裂隙沟通。

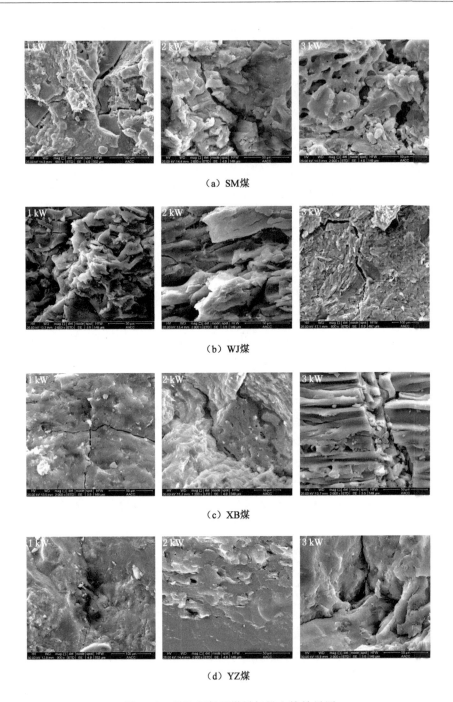

（a）SM煤

（b）WJ煤

（c）XB煤

（d）YZ煤

图 4-28　微波辐射后煤样扫描电镜结果图

　　综上所述,微波辐射对煤体有显著的脱水、脱矿、疏孔、扩孔及致裂效应。在扫描电镜实验的同时可以利用能谱仪对每个煤样表面的元素分布进行定性、定量表征。

　　图 4-29～图 4-32 为四种煤样经微波辐射前后的能谱分析,由图可知,除了占比较高的有机碳、氧元素外,四种原煤均含有一定量的硅、铝、硫元素;此外,SM 煤、WJ 煤及 XB 煤含有钙、镁等元素;SM 煤、WJ 煤及 YZ 煤含有铁元素;SM 煤特有钾元素;XB 煤特有钠元素;这些微量元素构成的以碳酸钙(方解石)、硅铝酸盐(黏土)和硫化亚铁(黄铁矿)为主的矿物晶体颗粒附着在煤体表面,封堵了煤体孔、裂隙[见图 4-27(b3)],这种矿物封堵作用对煤中瓦斯运移极为不利[16]。这些矿物元素在煤体表面分布较为分散并以矿物颗粒的形式存在。当微波功率为 1 kW 时,SM 煤样表面铁、镁、钾、硫消失,当微波功率高于 2 kW 时,钙消失,铝、硅大量减少;当微波功率为 1 kW 时,WJ 煤样表面镁消失,当微波功率为 2 kW 时,铝、铁、硫消失,当微波功率为 3 kW 时,钙消失;当微波功率为 1 kW 时,XB 煤样表面镁消失,当微波功率为 2 kW 时,钠、硫消失,当微波功率为 3 kW 时,铝、硅、钙消失;当微波功率为 1 kW 时,YZ 煤样表面铁消失,当微波功率大于 2 kW 时,钙消失。

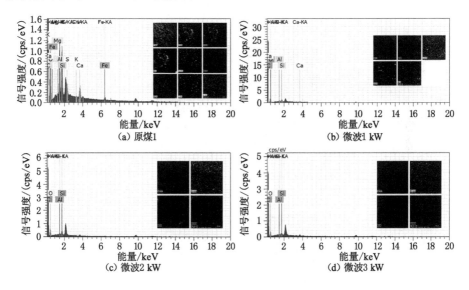

图 4-29　SM 煤微波辐射前后能谱分析

　　综上所述,微波辐射会导致煤体表面矿物颗粒流失,微波功率越大,流失的矿物元素越多,由于水分的蒸发,镁、钾、钠最先流失;其次是铝、铁、硫;最后是硅、钙。微波脱硫是微波加热技术在煤化工中的重要应用,研究表明[31,121],煤中硫化物(黄铁矿等)的介电常数较高,微波辐射下,硫键断裂并生成 SO_2 或 H_2S

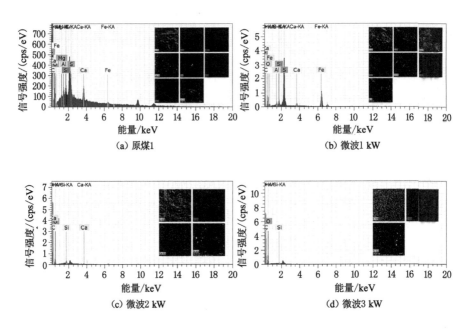

图 4-30　WJ 煤微波辐射前后能谱分析

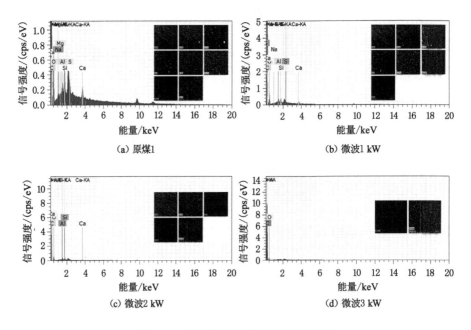

图 4-31　XB 煤微波辐射前后能谱分析

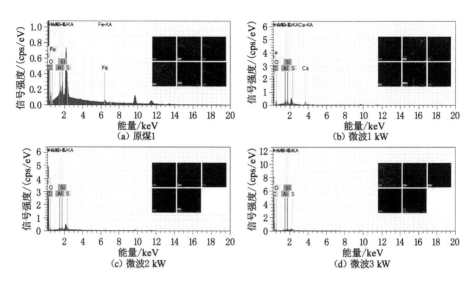

图 4-32　YZ 煤微波辐射前后能谱分析

等气体,从煤中挥发出。赵志曼[179]总结了微波对煤中矿物质的脱除机制:一方面,矿物成分导热性差且各成分的微波吸收能力不同,导致热应力增大;另一方面,微波热效应导致煤中水分转化为高压蒸汽。当微波作用于矿物颗粒时,局部热应力和高压蒸汽超过其抗拉强度,从而造成矿物颗粒的单体解离。微波辐射下煤体矿物质的脱除可以起到疏通孔裂隙、增加煤体渗透率的效果。

综合上述扫描电镜及能谱分析结果,可以将微波辐射下煤体孔隙结构演化归结为以下四种基本模式(见图 4-33):

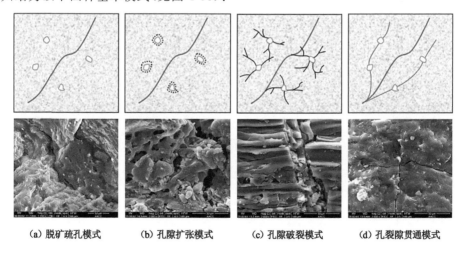

图 4-33　微波辐射下煤样孔隙演化模式

① 脱矿疏孔模式:该模式主要为煤体表面矿物质脱除形成的溶蚀孔;

② 孔隙扩张模式:该模式为高温高压气体溢出形成的气孔;

③ 孔隙破裂模式:孔隙在气体冲蚀作用下,端部破裂并与周围裂隙沟通;

④ 孔裂隙贯通模式:热应力下裂隙扩展并贯通了原有孔隙。

除这四种基本模式外,孔隙结构演化还存在综合模式,兼具四种基本模式。

5 微波场内煤体宏观结构演化规律

煤体宏观结构主要指其裂隙系统。煤体裂隙是流体运移的主要通道,其发育程度直接决定了煤体渗透性及煤层气产出率。美国粉河盆地及圣胡安盆地煤层气的成功开发依赖于煤层高度发育的裂隙网。因此,寻求有效的煤层致裂技术对提高煤层气产量尤为重要。前文研究表明,微波辐射能够显著改善煤体微观结构,增加孔隙连通性、孔隙率及渗透率。然而,微波辐射下煤体宏观结构演化机制仍需深入研究。

5.1 实验样品及方案

采用尺寸为 $\phi 50$ mm×100 mm 的圆柱体煤样[见图 2-5(e)],每种煤取16 个样品进行循环微波实验,每个循环对煤样进行微波辐射 1 min,微波功率固定为 3 kW,在微波处理前后,分别利用数码相机拍摄煤样表面裂隙图,利用红外热成像仪拍摄煤样表面温度分布图,并采用岩石声波探测仪测量超声波在煤中的传播速度,最后,对煤样进行称重,如图 5-1 所示。

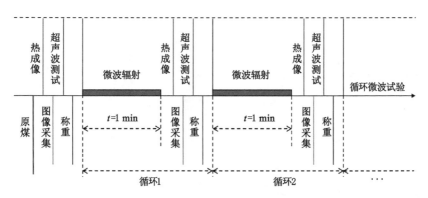

图 5-1 循环微波辐射实验方案

5.2 煤体裂隙结构在微波场内的演化规律

5.2.1 表面宏观裂隙演化

在对圆柱体煤样微波处理过程中可以观察到煤体表面宏观裂隙的发育情况,为便于对比,对微波辐射前后煤样表面进行图像采集,如图 5-2 所示,其中"微波后"指经历 5 min 的循环微波辐射后的煤样,图中除煤样实物外还对表面进行了素描,以更清晰地展示其裂隙发育规律。由图可知,原始煤样表面较为平整,无明显裂隙发育,微波辐射后,煤样产生损伤、膨胀,表面有裂隙(裂纹)发育,这是微波场内的煤体非均匀受热的结果。不同煤样的裂隙发育形式各不相同:YZ-1 煤样在微波辐射后发生解体,侧面发出一条主裂隙,而在主裂隙端部有数条分枝裂隙产生,煤样其他位置裂隙发育较少,这说明在微波场内主裂隙附近温度梯度较大,热应力较高,煤样在热应力的作用下被撕裂而解体;微波辐射导致 YZ-2 煤样中部产生一个孔洞,这可能是煤屑或矿物质崩解导致,在孔洞周围发育出数条分枝裂隙,分枝裂隙逐渐向外扩展并贯穿整个煤样表面;对于 YZ-3 煤样,微波辐射导致煤样顶部发育出一条竖向主裂隙并向煤样底部延展,同时,从主裂隙向两侧衍生出数条伞状分枝裂隙;YZ-5 原始煤样存在若干条原生裂隙,微波辐射后,原生裂隙逐渐张开、延展,并在煤样顶部形成一个较大的开口;YZ-6 煤样在微波高温下出现灼烧现象,大量挥发分及水蒸气从煤体内部涌出,催生出一条较深的灼烧裂隙;YZ-8 煤样在受微波辐射后自上而下发育出一条贯通裂隙,并在煤样底部出现转折。

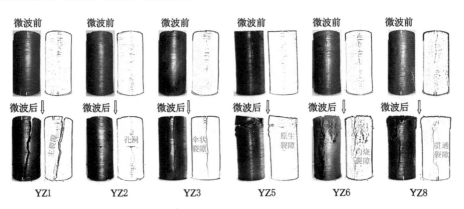

图 5-2 微波辐射前后煤体宏观裂隙发育

综上所述,微波辐射会导致煤体中的原生裂隙扩张、延展,在煤体损伤处也会衍生出新裂隙,新裂隙逐渐延展并相互贯通,裂隙大多相互垂直。

为探讨微波辐射过程中煤体裂隙发育规律,对 YZ-4 煤样进行循环微波辐射实验,微波功率为 3 kW,每次循环辐射 1 min,对每次循环前后的煤样进行图像采集,见图 5-3。YZ-4 原始煤样侧面存在一条孤立的原生裂隙 F_1,微波辐射 1 min 后,F_1 开度增大,同时,在煤样顶、底端分别产生一条新裂隙 F_2 和 F_3,F_2 向上贯穿整个煤样顶面并存在两个转折;微波辐射 2 min 后,在煤样顶面 F_2 的第一个转折处衍生出一条新裂隙 F_4 与 F_2 平行发育,F_1 和 F_3 逐渐延展并拓宽,裂隙除在端部发生延展外,也开始出现分岔、穿越等发育模式,这说明煤的累积损伤随微波辐射时间的延长而增大,残余应力会逐渐集中于煤体薄弱部位,从而导致裂隙扩展呈现多样化;微波辐射 3 min 后,F_2 附近出现灼烧现象,F_2 大幅加宽并有煤屑剥落,F_4 出现转向并与原生节理连通,在 F_2 与 F_3 之间出现一条贯穿裂隙 F_5,F_5 与 F_3 交界处出现一个熔蚀孔洞 F_6,F_5 与 F_3 通过 F_6 相连,同时,在 F_1 与 F_5 之间发育出大量微裂纹使得两条主裂隙相互连通;微波辐射 4 min 后,煤样顶面灼烧痕迹逐渐增大,F_2 与 F_4 之间有大量煤体碎块脱落,侧面各条裂隙逐渐加宽并连通,在熔蚀孔洞 F_6 右侧又衍生出一条垂直裂隙 F_7 一直延伸到煤样底部;微波辐射 5 min 后,灼烧痕迹进一步扩大,煤样侧面也有大量碎块开始剥落,各裂隙也逐渐演化出分支裂隙。

综上所述,微波辐射能够致裂煤体,随着辐射时间的延长,热损伤逐渐累积,在原生裂隙逐渐扩展的同时新生裂隙也大量发育,各孤立裂隙相互连通并形成裂隙网,裂隙网的形成有助于煤层内的气水运移。

5.2.2 表面微观裂隙演化

微波场内煤体宏观裂隙是微观裂隙逐渐扩展、发育、集结的结果。因此,除宏观裂隙外,有必要对微观裂隙进一步研究,这将有利于从微观角度深入探讨微波辐射下煤体裂隙结构的演化机制。利用扫描电镜观察不同微波功率辐射下(1 kW、2 kW 和 3 kW,辐射时间均为 3 min)煤体表面微观裂隙演化规律,如图 5-4 所示。结果显示,原始煤样表面较为平整、致密,无显著孔、裂隙发育,当微波功率为 1 kW 时,受辐射的煤样表面变得疏松、碎裂,并有微裂隙产生,此时的微裂隙多为单条孤立裂隙(SM 煤和 YZ 煤),发育程度较弱,长度较短且开度较小(WJ 煤和 XB 煤),连通性较差;当微波功率提高到 2 kW 时,微裂隙逐渐延长、增宽并分叉,相邻裂隙逐渐贯通;当微波功率提高到 3 kW 后,微裂隙继续发育,大量分枝裂隙生成,同时,煤样破碎导致在裂隙交汇处有大量煤屑产生,裂隙连通性进一步增强。综上,延长微波辐射时间有利于煤体裂隙的延伸与扩展,而增大微波功率更有利于煤体微观裂隙的发育,同时,有助于裂隙间的相互贯通,对形成裂隙网大有裨益。

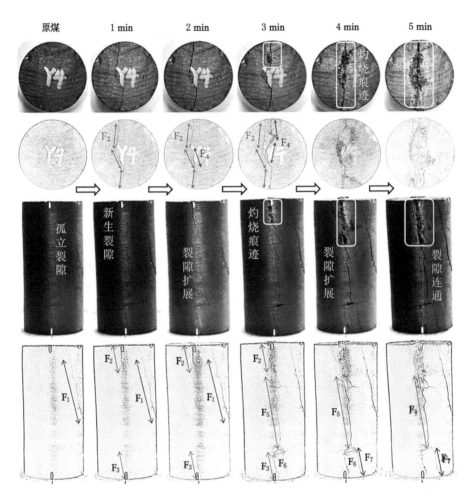

图 5-3　微波辐射过程中煤体表面宏观裂隙演化

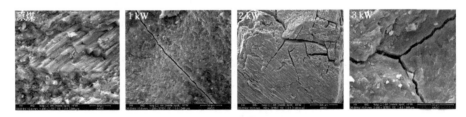

（a）SM煤

图 5-4　不同微波功率下煤体表面微观裂隙演化

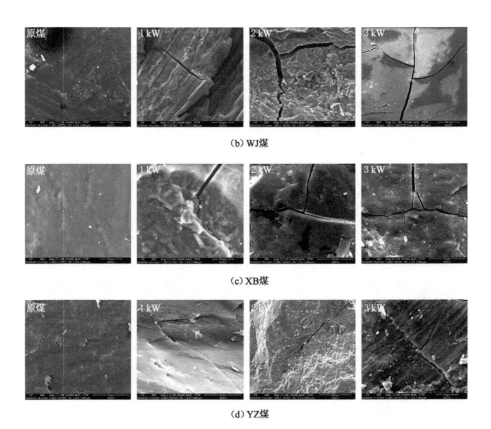

(b) WJ煤

(c) XB煤

(d) YZ煤

图 5-4　（续）

5.2.3　内部裂隙演化

为揭示微波辐射下煤样内部裂隙的演化规律,利用高分辨率微焦点计算机断层扫描(CT)技术得到不同微波辐射时间下,煤样内部的切面扫描图,见图 5-5(沿煤样中轴线的纵切面)。图 5-5 中,亮白色区域为矿物颗粒,密度较高;灰色区域为煤基质,密度适中;而黑色区域为孔、裂隙,密度最小。由图 5-5 可知:原始煤样孔、裂隙发育较弱,裂隙被大量矿物颗粒充填。当煤样受微波辐射0.5 min 后,由于矿物质的介电常数较大,吸收微波并转化为热的能力较强,在微波热效应下率先解离并被水蒸气带出,热应力导致煤体裂隙开始发育,随着微波辐射的持续,裂隙不断延长、拓宽,2 min 后,煤中的矿物颗粒几乎全部消失,在煤体内部形成纵横交错的裂隙网。

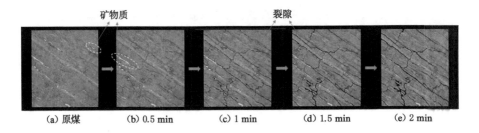

矿物质　　　　　　　　　　　裂隙

(a) 原煤　　　(b) 0.5 min　　　(c) 1 min　　　(d) 1.5 min　　　(e) 2 min

图 5-5　循环微波实验中煤样内部切面 CT 扫描图

5.3　微波辐射对煤体超声波传递特性的影响

　　研究表明,裂隙对煤岩体超声波传递特性有显著隔断作用[见图 5-6(b)],裂隙密度越高,其阻碍声波传递的总裂隙横截面积越大,被反射的声波信号越强,超声波散射能量增多而穿透能量减小,从而导致衰减系数增大而波速减小[180],因此,可以利用声波波速测试间接反映煤体内部裂隙的发育情况。

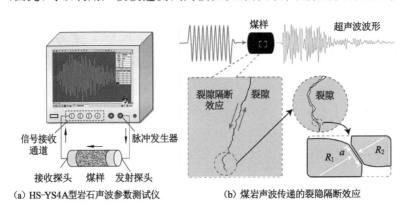

(a) HS-YS4A型岩石声波参数测试仪　　　(b) 煤岩声波传递的裂隙隔断效应

图 5-6　岩石声波测试仪及岩石裂隙隔断效应[181]

　　超声波测试采用湘潭天鸿电子研究所设计生产的 HS-YS4A 型岩石声波测试仪,如图 5-6(a)所示。记录发射探头的声波发射时刻 t_0 和接收探头的声波接收时刻 t_1,则超声波波速可以表示为[182]:

$$v = \frac{L}{t_1 - t_0} \tag{5-1}$$

式中　　v——超声波波速,m/s;

　　　　L——试样长度,m。

　　本次实验同时测量圆柱体煤样沿轴向的纵波波速 v_p 与横波波速 v_s,见

图 5-6(a)。

完整煤岩体中的起始声波包络近似呈半圆形,而含有裂隙的煤岩体中的起始声波包络呈喇叭形。原煤中的声波波速测试结果见表 5-1,部分煤样中的声波波形见图 5-7。由图表可知,即使是同一种煤,不同样品中的声波波速也存在较大差异;WJ 煤样中的声波测试成功率较低,例如,WJ-7 煤样中的超声波波形完全衰减为零,这可能是因为 WJ 煤内部孔、裂隙密度较高,彻底阻断了超声波的传播路径;XB-8 煤样也有大量裂隙发育,其中的波形大幅衰减,纵波波速和横波波速分别为 1 234.634 m/s 和 816.451 6 m/s;而 SM-3 煤样和 YZ-6 煤样裂隙发育情况较差,其中的波形衰减较弱,波速也较高。

表 5-1　原煤中的纵波波速、横波波速及纵横波速比

编号	纵波波速/(m/s)	横波波速/(m/s)	纵横波速比	编号	纵波波速/(m/s)	横波波速/(m/s)	纵横波速比
SM-1	2 097.083	1 572.813	1.333 333	XB-1	736.861 3	673.000 0	1.094 891
SM-2	1 800.000	1 332.468	1.350 877	XB-2	618.650 3	464.700 5	1.331 288
SM-3	3 083.824	2 330.000	1.323 529	XB-3	763.409 1	622.037	1.227 273
SM-4	597.574 0	540.053 5	1.106 509	XB-4	1 475.672	874.955 8	1.686 567
SM-5	1 665.424	1 637.667	1.016 949	XB-5	465.814 0	389.688 7	1.195 349
SM-6	555.967 7	480.976 7	1.155 914	XB-6	954.952 4	533.351 1	1.790 476
SM-7	446.293 1	510.049 3	0.875 000	XB-7	536.861 7	593.705 9	0.904 255
SM-8	1 823.750	1 230.482	1.482 143	XB-8	1 234.634	816.451 6	1.512 195
SM-9	705.594 4	520.103 1	1.356 643	XB-9	691.575 3	721.214 3	0.958 904
SM-10	328.328 0	279.753 4	1.173 633	XB-10	446.982 0	636.089 7	0.702 703
SM-11	727.659 6	765.671 6	0.950 355	XB-11	869.237 3	670.392 2	1.296 610
SM-12	2 079.600	1 890.545	1.100 000	XB-12	1 475.000	1 023.469	1.441 176
SM-13	1 857.636	1 702.833	1.090 909	XB-13	418.966 9	359.539	1.165 289
SM-14	498.457 7	470.375 6	1.059 701	XB-14	1 302.597	668.666 7	1.948 052
SM-15	1 426.027	1 426.027	1	XB-15	1 370.137	934.766 4	1.465 753
SM-16	654.076 4	618.614 5	1.057 325	XB-16	400.196 9	781.923 1	0.511 811
WJ-1	463.772 7	285.798 3	1.622 727	YZ-1	2 484.250	1 987.400 0	1.250 000
WJ-2	1 070.638	845.714 3	1.265 957	YZ-2	1 025.258	1 400.704	0.731 959
WJ-3	1 444.085	840.409 8	1.718 310	YZ-3	2 367.381	1 744.386	1.357 143
WJ-4	1 453.380	929.639 6	1.563 380	YZ-4	2 509.500	1 619.032	1.550 000
WJ-5	1 308.846	810.238 1	1.615 385	YZ-5	1 935.000	1 242.222	1.557 692

表 5-1（续）

编号	纵波波速/(m/s)	横波波速/(m/s)	纵横波速比	编号	纵波波速/(m/s)	横波波速/(m/s)	纵横波速比
WJ-6	689.034 5	751.203	0.917 241	YZ-6	2 321.395	1 691.864	1.372 093
WJ-7	—	—	—	YZ-7	2 482.439	1 321.818	1.878 049
WJ-8	580.852 3	—	—	YZ-8	2 530.000	1 909.434	1.325 000
WJ-9	—	—	—	YZ-9	2 434.878	1 663.833	1.463 415
WJ-10	1 489.565	642.375 0	2.318 841	YZ-10	849.237 3	856.495 7	0.991 525
WJ-11	1 765.614	—	—	YZ-11	2 073.333	1 143.908	1.812 500
WJ-12	—	1 367.808	—	YZ-12	2 165.435	1 443.623	1.500 000
WJ-13	782.187 5	663.046 4	1.179 688	YZ-13	1 976.275	1 832.545	1.078 431
WJ-14	1 499.851	866.293 1	1.731 343	YZ-14	2 353.721	1 946.346	1.209 302
WJ-15	—	—	—	YZ-15	1 396.944	976.504 9	1.430 556
WJ-16	1 176.353	909.000 0	1.294 118	YZ-16	2 238.409	1 448.382	1.545 455

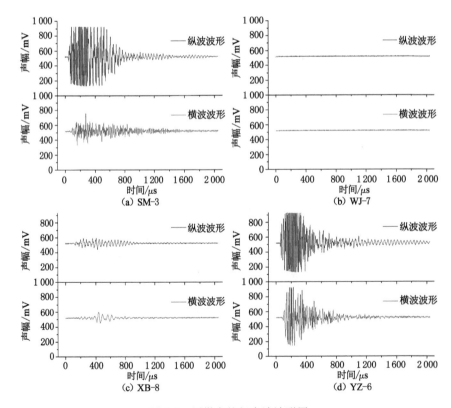

图 5-7　原煤中的超声波波形图

原煤中的波速统计结果见图 5-8。随着纵波波速的增大，横波波速也趋于增大；同一种煤中的超声波波速存在较大差异；煤样中的纵横波速比多集中在 1.0～1.6 之间，且大致服从正态分布；SM 煤中的波速范围较广而纵横波速比多集中在 0.8～1.6 之间，WJ 煤和 XB 煤中的波速范围较窄而纵横波速比范围较大，从 0.4～2.4 都有分布。孟召平等的研究表明岩石中的横波波速大致为纵波波速的 3/5[183]，这与测试结果相吻合，由弹性波动方程，纵波波速和横波波速可分别表示为：

$$v_\mathrm{p} = \sqrt{\frac{E(1-\mu)}{\rho(1+\mu)(1-2\mu)}} \tag{5-2}$$

$$v_\mathrm{s} = \sqrt{\frac{E}{2\rho(1+\mu)}} \tag{5-3}$$

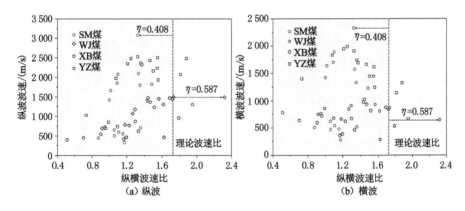

图 5-8　原煤中的纵波波速、横波波速及纵横波速比

按照该理论，纵横波速比应该为：

$$\lambda = \frac{v_\mathrm{p}}{v_\mathrm{s}} = \sqrt{\frac{2(1-\mu)}{1-2\mu}} \tag{5-4}$$

式中　λ——纵横波速比；

$\quad\quad v_\mathrm{p}$——纵波波速，m/s；

$\quad\quad v_\mathrm{s}$——横波波速，m/s；

$\quad\quad E$——弹性模量，MPa；

$\quad\quad \mu$——泊松比；

$\quad\quad \rho$——密度，kg/m^3。

由式(5-4)可知，煤岩中的纵横波速比取决于煤岩的泊松比，取煤的泊松比为 0.25，则煤体中的纵横波速比的理论值应为 1.732。煤体非均质性较强，其中的纵横波速比实验值与理论值存在较大误差，且大部分煤样是垂直于煤层层理钻取的，因此其中的纵波波速较小而横波波速较大，大部分煤样中的纵横波速比小于理论值。定义一个非均质性系数以描述煤的非均质性：

$$\eta = |\lambda_e - \lambda_t| \tag{5-5}$$

式中　η——煤的非均质性系数；

　　　λ_e——纵横波速比的实验值；

　　　λ_t——纵横波速比的理论值，本书取 1.732。

由式(5-5)可知 η 越大，煤的非均质性越强，例如，XB-10 煤样中的纵横波波速及波速比分别为 446.982 m/s、636.089 7 m/s 和 0.702 703，则其非均质性系数为 1.029；而 XB-14 煤样中的纵、横波波速及波速比分别为 1 302.597 m/s、668.666 7 m/s 和 1.948 052，则其非均质性系数为 0.218，显然，XB-10 煤样非均质性较强而 XB-14 煤样非均质性较弱。

微波辐射对煤体内部孔、裂隙结构的改造将体现在纵横波波速的变化上，下面将探讨微波辐射前后煤体中的波速演化规律及煤体非均质性对微波致裂的影响作用。

图 5-9 为循环微波实验中 Y-3 煤样中的超声波波形图，图中另附煤样表面图像以探讨超声波与煤体裂隙场的关系。由图可知，原煤未见明显裂隙，纵横波波幅较大，最大波幅差分别为 372 mV 和 165 mV；微波辐射 1 min 后，煤样侧面衍生出一条纵向裂隙，该裂隙一直延伸到煤样顶面，另外，煤样顶面有一碎块脱落，由于裂隙的隔断效应，纵横波波形(尤其是首波)出现衰减，最大波幅差分别降至 225 mV 和 101 mV；随着微波辐射的持续，煤体承受的热损伤逐渐累积，裂隙长度与开度逐渐加大，这极大地加剧了裂隙对超声波的阻断效应，纵横波波形逐渐衰减，首波出现的时间(即纵横波的波时，t_1)逐渐延长，这也说明了微波辐射会导致煤体纵横波波速的降低；对于 YZ-3 煤样，当微波辐射时间达到 5 min 后，纵横波波形几乎完全衰减，最大波幅差仅为 42 mV 和 40 mV；此后，YZ-3 煤样的纵波/横波波速无法测得，因此，将 5 min 定义为 YZ-3 煤样的截止时间。

图 5-10 为循环微波实验中煤样中波速演化规律，包括纵波波速与横波波速，由图可知，大部分煤样中的纵波波速大于横波波速。随着微波辐射时间的增加，煤样中的纵波波速和横波波速均减小，这说明微波辐射导致煤样内部产生损伤，各个方向的裂隙均有不同程度的发育，从而阻碍了超声波的传递，纵波波速的降低反映了煤样横向裂隙的发育而横波波速的降低反映了煤样纵向裂隙的发育；另外，超声波的波速变化过程存在阶段性：SM-8 煤样中的横波波速在 0～3 min 内变化较小，而在 3～9 min 内迅速降低，超过 9 min 后变化又趋于停滞，这是因为在微波辐射的 0～3 min 内，煤样存在一个热应力累积过程，在此过程中，煤体损伤较小，横波波速变化较弱，当累积热应力超过煤体的抗拉强度后，损伤才会产生，裂隙大量发育，体现在波速迅速下降；对于同一种煤样，其中的纵横波波速往往并非同步变化，而是呈现出不同的下降梯度：SM-8 煤样中的纵波波

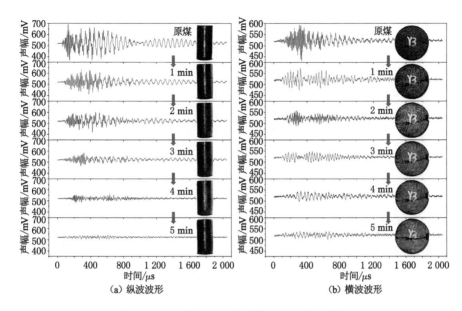

图 5-9 循环微波实验中煤样中超声波波形图

速下降梯度大于横波,而 YZ-3 煤样中的横波波速下降梯度大于纵波,这是因为 SM-8 煤样原生裂隙大多为横向裂隙,微波辐射下,裂隙大多沿着煤样径向扩展,只有少量分支裂隙纵向发育,因此,裂隙对纵波的阻碍作用强于对横波的阻碍作用,从而导致纵波波速下降梯度较大;相反,YZ-3 煤样原生裂隙大多为纵向裂隙,微波辐射下,裂隙大多沿着煤样轴向扩展,只有少量分支裂隙横向发育,因此,裂隙对横波的阻碍作用强于对纵波的阻碍作用,从而导致横波波速下降梯度较大。

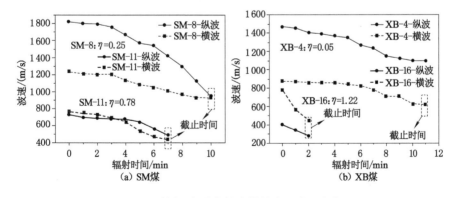

图 5-10 循环微波实验中煤样中的波速演化

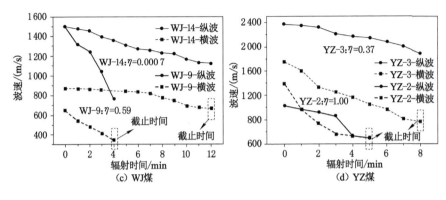

图 5-10 （续）

由图 5-10 还可以看出,不同煤样的截止时间(最后一次能够有效测得煤样中的波速的时间)不同,截止时间越短说明煤样内部损伤及裂隙发育越剧烈,通过对原始煤样非均质性系数统计分析可知,煤样非均质性越高,截止时间越短,例如,SM-8 煤样和 SM-11 煤样的非均质性系数分别为 0.25 和 0.78,而其截止时间分别为 10 min 和 7 min;XB-4 煤样和 XB-16 煤样的非均质性系数分别为 0.05 和 1.22,而其截止时间分别为 11 min 和 2 min;WJ-14 煤样和 WJ-9 煤样的非均质性系数分别为 0.0007 和 0.59,而其截止时间分别为 12 min 和 4 min;YZ-3 煤样和 YZ-2 煤样的非均质性系数分别为 0.37 和 1.00,而其截止时间分别为 8 min 和 5 min。

实验过程中,在截止时间后继续对煤样进行微波辐射,其中的纵横波速已经无法测得,一段时间后煤样发生破断,至此,该煤样的循环微波实验结束。考虑到煤体破断的影响因素多样,孔隙分布、裂隙分布、含水率、矿物含量及在微波炉中的摆放位置都有可能对其致裂效果产生显著影响,因此,有必要对大量煤样中的波速截止时间及破断时间进行统计以得到可信结论。

图 5-11 为不同煤样循环微波实验中的波速截止时间及破断时间统计。由图可知,同一煤样的破断时间始终大于其波速截止时间,这是因为在波速截止后,煤体内部损伤还需要积累一段时间才能超过其抗拉强度而造成煤体破断;尽管不同煤样的截止时间和破断时间分布较为分散,还是能够看出其截止时间/破断时间随着煤样非均质性系数的增大呈减小的趋势,由此,可以推断,煤体非均质性越强,微波致裂效果越显著。究其原因,一方面,煤的非均质性越强说明原生裂隙越发育,微波辐射极易在原生裂隙处产生热应力集中从而造成煤体损伤、撕裂;另一方面,煤体非均质性越强,其物质组成越复杂,不同物质成分具有不同的介电常数,因此,其微波吸收异质性也易导致热应力的产生。以上发现对探讨微波致裂煤体的机理大有益处。

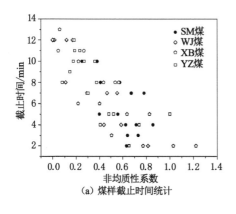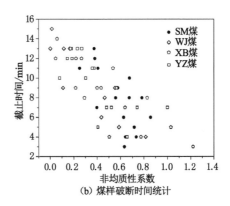

（a）煤样截止时间统计

（b）煤样破断时间统计

图 5-11　循环微波实验中煤样截止时间及破断时间统计

5.4　微波场内煤体宏观结构演化机理

由于煤的微波致裂是热应力积累的作用结果,有必要考察煤体表面裂隙场及温度场的相关性(见图 5-12),其中,图 5-12(c)为煤样表面的红外热成像图。在微波辐射 1 min 后,煤样表面温度整体升高并呈均匀分布,无明显的冷热分区,最高温度仅为 59 ℃,水分蒸发效应较弱,煤样表面仅存在一条原生裂隙 F_1;微波辐射 2 min 后,煤体温度整体升高,最高温度达到 82 ℃,裂隙 F_1 附近的热应力增大,导致 F_1 向两侧延伸;微波辐射 3 min 后,煤体裂隙剧烈发育,在 F_1 继续扩展的同时,出现两条新生裂隙 F_2 和 F_3,煤体表面最高温度达到 155 ℃,呈现出冷热分区,在三条裂隙带附近煤体温度较高,即热区,大量水蒸气及挥发分从裂隙内部涌出,裂隙带内的高温产生了极高的热应力从而继续撕裂煤体;随着微波辐射的继续,煤样表面的三条裂隙继续扩展,热成像中的裂隙热区逐渐转变为热带,温度梯度愈发明显;当微波辐射 5 min 后,煤样表面温度梯度继续增大,三条裂隙不仅长度延长,开度也逐渐增大,这可能是由于微波注热下煤体发生不均匀热膨胀导致的。

综上,微波辐射下,煤体裂隙是内部高温水蒸气及挥发气体的出口,裂隙附近温度梯度较大,热应力较高,高应力导致原生裂隙不断发育,新生裂隙不断催生,这就是煤体宏观结构的微波致裂机理。

图 5-13 为循环微波实验中煤样表面温度场量化图,图中的曲线为不同微波辐射时间下煤样表面一条竖向监测线上的温度值。由图可知,随着微波辐射时间的延长,煤样表面温度逐渐提高,在 27% 和 58% 位置处存在两个热区,热区呈现出高温尖点,意味着该处热梯度极大,热应力极高,而该位置正对应煤样表面

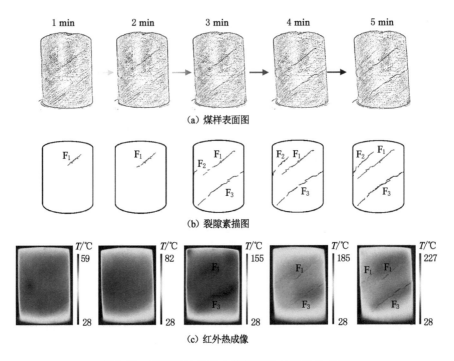

(a) 煤样表面图

(b) 裂隙素描图

(c) 红外热成像

图 5-12　循环微波实验中煤样裂隙及红外热成像

的两条裂隙 F_1 和 F_3;另外,随着辐射时间的延长,热区温度梯度逐渐增大,3 min 时 F_3 处的温度梯度仅为 15 ℃,4 min 和 5 min 时的温度梯度迅速增大到 47 ℃和 80 ℃,为裂隙扩展提供了有利条件;F_1 处的温度梯度较 F_3 处小,F_1 的开度增幅不如 F_3 剧烈,因此,温度梯度/热应力不仅是微波致裂煤体的原因,还是决定致裂效果的关键。

下面继续探讨煤体物质组成对其微波致裂效果的影响。图 5-14 为不同含水率煤样微波致裂效果对比,所用煤样均取自同一煤层,对原始煤样真空干燥 24 h 后,分别饱水不同时间,得到含水率分别为 0%(干燥煤样)、2.26%、6.53%、9.62% 及 12.14% 的煤样,利用 3 kW 的微波对 5 种含水率的煤样统一辐射 3 min,得到其表面裂隙图像。

由图 5-14 可知,随着煤样初始含水率的增大,煤体表面裂隙密度、长度、开度均呈增大的趋势,这是由于随着初始含水率的增大,一方面,煤体介电常数迅速升高,微波产热能力增强;另一方面,大量水分蒸发产生了较高的蒸气压,煤体在高温高压环境下开孔、扩孔、疏孔、致裂效应愈发显著,从而导致裂隙大量发育。

考虑到煤体吸收微波的特性可能与其所含矿物质有关,设计了以下实验:将

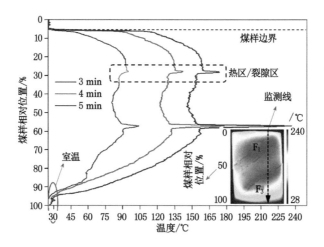

图 5-13　循环微波实验中煤样表面温度场演化

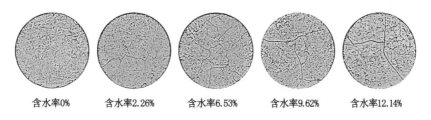

图 5-14　不同含水率煤样微波致裂效果对比

干燥的煤粉及黄铁矿颗粒研磨至 80 目以下,将两种粉末采用不同的比例混合并利用压力机制成型煤,利用 3 kW 的微波对 5 种矿物质含量的煤样统一辐射 3 min,得到其表面裂隙图像,如图 5-15 所示。由图可知,煤中黄铁矿含量越高,微波致裂效果越显著,因此,煤中矿物质也是影响其微波吸收及致裂效果的重要因素。

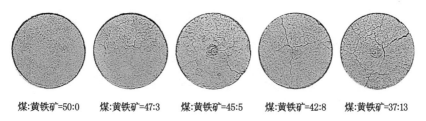

图 5-15　不同黄铁矿含量煤样微波致裂效果对比

6 微波辐射下煤体流-固耦合特性分析

煤中流体主要包括水和瓦斯,微波对煤中流体的作用机制较为复杂。首先,作为典型的极性分子,水吸收微波的能力极强,微波热效应会导致煤中水分流失,煤中水分赋存状态的改变又会导致煤体渗透性及瓦斯吸附特性的变化;同时,微波辐射下煤体宏微观物性演化会对煤的润湿性及瓦斯储运特性产生一定影响。本章将首先对微波辐射下煤体脱水特性进行动力学分析;其次,探讨微波辐射对煤体润湿性的影响机制;然后,对微波辐射前后煤体的渗透特性做定量分析;最后,揭示微波辐射下煤体瓦斯储运机制。

6.1 煤的微波脱水动力学分析

煤中水分对其瓦斯储运有着很大的影响。水分子由一个氧原子和两个氢原子组成,是一种强极性分子,水分子在常温下的介电常数达到 80,远高于煤中其他物质。因此,在微波辐射过程中,水分子能够在交变电场中产生极强的取向极化,从而吸收更多能量。当煤中水分吸收的热量大于其汽化潜热时,便会以蒸发的形式脱除。煤的微波脱水受到其自身理化特性和微波工况的共同影响,本节将针对不同微波功率下的煤体脱水特性进行分析。

煤体含水率的精确测定在脱水动力学分析中至关重要,称重法是微波干燥实验中预估物料含水率的常用方法,然而,微波辐射下煤体的质量损失不仅有水还有挥发分[184],这就会导致误差;另外,闭合孔及孔喉中的水分难以通过称重法衡量[169]。研究表明,低场核磁共振能够通过探测氢原子弛豫而准确预测材料中的水分含量及其赋存状态,利用核磁共振探测水分已经广泛应用于植物学、食品工业及环境工程。

为测定煤中水分含量,必须首先揭示 T_2 谱与水质量的关系。然而,纯水横向弛豫时间较长,会导致核磁信号收集不完全,因此,通常在纯水中添加 $CuSO_4$ 溶液以缩短其横向弛豫时间从而提高测试精度,本实验在设定核磁共振参数后,测量 $CuSO_4$ 溶液的 T_2 谱,见图 6-1(a),随着溶液质量的增大,其 T_2 谱峰值逐渐增加,这些谱峰面积可以用下式表示:

$$S = \int A(T_i)dT \tag{6-1}$$

式中　　S——谱峰面积；

　　　　T——$CuSO_4$ 溶液的横向弛豫时间；

　　　　A——T_i 时刻振幅。

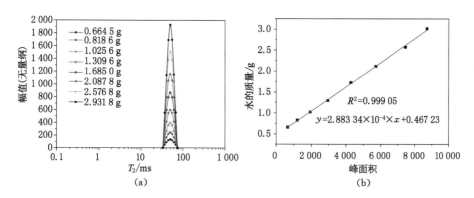

图 6-1　$CuSO_4$ 溶液的 T_2 谱及谱峰面积与水质量的关系

$CuSO_4$ 溶液中水的质量可以通过溶液质量和浓度计算，由图 6-1(b)可知，T_2 谱的峰面积与水的质量呈线性关系：

$$M_w = 2.883\ 34 \times 10^{-4} \times A + 4.672\ 3 \times 10^{-1} \tag{6-2}$$

式中　　M_w——水的质量，g。

最终，煤样的含水率可以表示为：

$$C = \frac{M_w}{M} \times 100\% \tag{6-3}$$

式中　　C——煤样含水率，%；

　　　　M——煤样质量，g。

如图 6-2 所示，煤可以看作一种孔、裂隙网络结构，煤中的水分按其赋存状态可分为自由水和束缚水，自由水通常存在于裂隙或大孔中，而束缚水则主要存在于微孔中。当煤体受微波辐射后，自由水率先蒸发，当自由水蒸发结束后，束缚水才开始蒸发。

图 6-3 为不同微波辐射时间下煤样的 T_2 谱演化，微波功率统一为 4 kW。原煤的 T_2 谱包括三个峰，其中，P_1 为孤立的高峰，代表了高度发育的微孔，P_2 与 P_3 的整合意味着中孔和大孔连通性较好。在微波辐射的前 30 s 内，对应大孔和中孔位置的谱峰轻微降低，这可能是煤体表面水分蒸发的结果；当辐射时间达到 70 s 时，大孔和中孔内的自由水显著减少而微孔水分变化较小；在 120 s 到 150 s 间，自由水在蒸气压的驱动下不断运移，同时，开放微孔内的束缚水开始脱除；随着辐射的继续（330 s），煤体内部蒸气压力逐渐降低导致干燥速率减小；此后，T_2 谱几乎保持不变，这是因为煤中的水分几乎都被封堵在闭合孔内，煤的微波干燥到此为止。

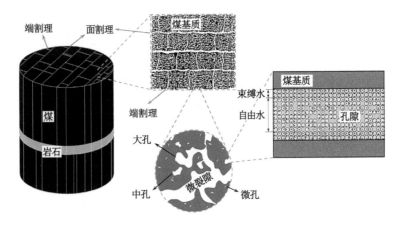

图 6-2 煤体孔裂隙结构及水分赋存

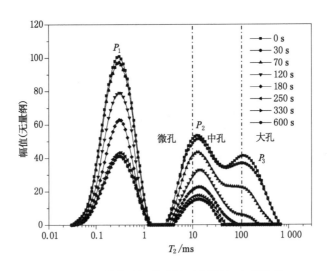

图 6-3 不同微波辐射时间下煤样的 T_2 谱演化

在微波实验过程中,利用高精度电子天平称量了煤样实时质量(见图 6-4),煤样质量减去核磁共振测出的水分质量可以得到残余质量。由图可知,随着微波辐射时间的延长,煤样水分质量和残余质量均减少,这是由于微波辐射不仅脱除了煤体水分还导致有机大分子结构的热解,煤体质量损失包括水分及硫、钾、磷等元素[150],因此,低场核磁共振能够更为准确地预测煤中水分含量。

图 6-5 为不同功率微波辐射前后煤的 T_2 谱变化情况,即原煤和微波辐射 600 s 后的煤样。显然,各组原煤具有相似的 T_2 谱,这意味着孔隙结构及水分分布的相似性,在经历微波辐射后,煤样的 T_2 谱逐渐降低且降低幅度随着微波

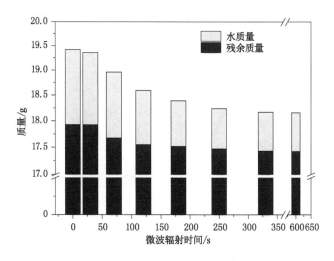

图 6-4 不同微波辐射时间下煤样中的水质量及残余质量

功率的提高而增大。当微波功率为 1 kW 时，微波辐射导致核磁信号幅值降低却对弛豫时间的分布范围影响较小，这说明仍然有部分自由水滞留在煤体孔、裂隙内；随着微波功率提高到 2 kW，中孔及大孔对应的弛豫时间范围缩小，说明一定孔径范围内的自由水已经被完全脱除，这些孔隙为水分的迁移提供了渗流空间；当微波功率为 3 kW 时，P_2 与 P_3 间的谱完全消失，然而，微波对微孔的改造仍然较弱；当功率提高到 4 kW 时，大孔内的水分全部脱除，在此功率下，T_2 谱由三峰演化为双峰，这意味着煤中自由水被完全干燥而束缚水的蒸发刚开始；当功率提高到 5～6 kW 时，T_2 谱峰持续降低，说明闭合中孔及微孔被微波疏通并打开。

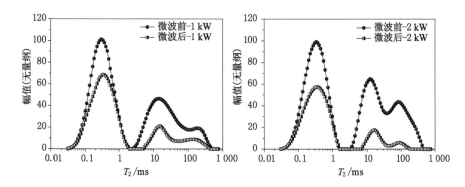

图 6-5 不同功率微波辐射前后煤的 T_2 谱变化

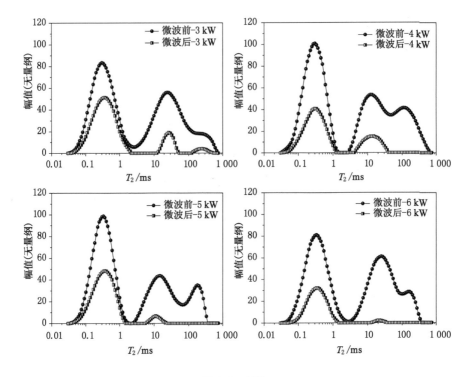

图 6-5 （续）

图 6-6 为不同功率微波辐射下煤体含水率及干燥速率演化规律,随着微波辐射的持续进行,煤样含水率逐渐降低并最终达到平衡,而煤样的干燥速率先增加后减小。随着微波功率的提高,煤样最终含水率逐渐减小,这说明微波功率越高,干燥能力越强,干燥速率越快。

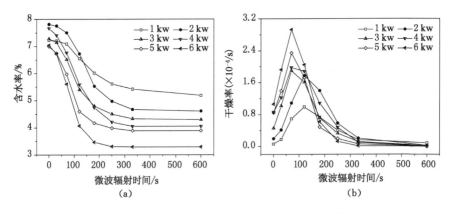

图 6-6 不同功率微波辐射下煤体含水率及干燥速率演化

6.2　煤体润湿性的微波响应机制

煤的润湿性即煤吸附液体的能力,当煤对液体分子的作用力大于液体分子间的作用力时,认为煤可以被润湿,煤的表面会黏附该液体。通常,可以利用固液表面形成接触角 θ 的大小反映煤的润湿性,接触角越小,润湿性越强。研究表明,煤对水的润湿性越强,水越容易在煤体中滞留,进而堵塞瓦斯运移通道,造成水锁伤害[185]。因此,分析微波辐射对煤体润湿性的影响有助于探讨其对瓦斯储运的控制作用。

本书采用微波辐射前后煤样接触角的测定来反映煤体润湿性的变化,首先,取 200 目以下的煤粉 2 g 置于压片机内,见图 6-7(a);然后,在 45 MPa 压力下制成 40 mm×6 mm 的圆柱形压片,见图 6-7(c);最后,利用德国 Kruss 公司生产的 DSA 型光学液滴形态分析系统测试煤样接触角,见图 6-7(b)。

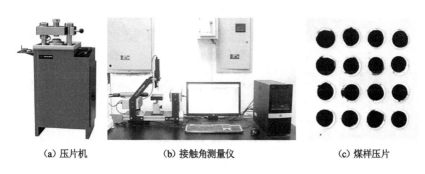

(a) 压片机　　　　　(b) 接触角测量仪　　　　　(c) 煤样压片

图 6-7　压片机、接触角测量仪及煤样压片

接触角测试过程中发现:在水滴接触煤表面的瞬间会形成一个初始接触角,此后,水滴会沿煤体表面扩散并向煤体内部渗透,造成接触角逐渐减小,最终形成平衡接触角,煤体润湿性越强,接触角减小速度越快,形成的平衡接触角越小。

图 6-8 和图 6-9 为微波辐射前后煤样动态接触角演化规律,由图 6-8 可知:微波辐射前,四种原始煤样的初始接触角均为锐角,动态接触角均随着时间的推移有不同程度地减小,尤其以 XB 煤接触角降低幅度最明显,这说明 XB 原煤润湿性极强。当微波作用后,煤样初始接触角显著增大,同时,水滴在煤样表面的扩散与渗透较为缓慢,动态接触角下降速率显著减小,这表明微波辐射会导致煤体润湿性的减弱。究其原因,是微波辐射热效应会导致煤中羟基、羧基等亲水性含氧官能团减少,从而导致煤体亲水性减弱,煤对水分的束缚性减小,煤中水分在微波注热环境中更易蒸发、脱除。这种良好的脱水环境有利于水锁效应的微波解除,从而增强瓦斯采出率。

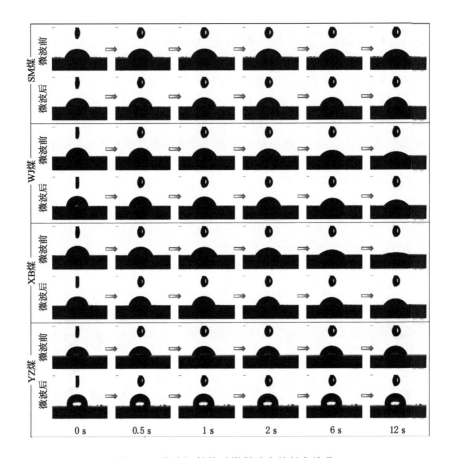

图 6-8 微波辐射前后煤样动态接触角演化

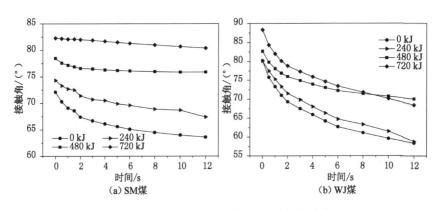

图 6-9 不同微波能量下煤样动态接触角演化

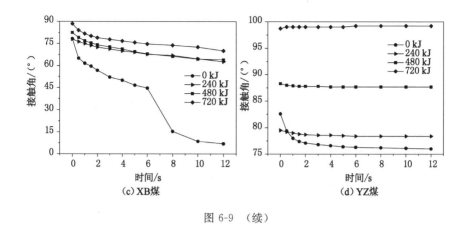

图 6-9 （续）

由图 6-9 可知:原始煤样(0 kJ)的初始接触角较小,随着时间的延长,动态接触角迅速下降,下降速度逐渐减慢,尤其是 XB 煤样,初始接触角为 78.3°,而平衡接触角降至 6.9°,水滴几乎完全渗入煤体(见图 6-8)。随着微波能量的提高,四种煤样的初始接触角均呈现出增大的趋势,动态接触角的下降速率均呈减小的趋势,这说明微波能量的增大有助于减弱煤体润湿性从而有利于解除煤层水锁效应。

6.3　煤体渗透性的微波响应机制

6.3.1　煤体渗透率测试方案

1）煤样制备

本次实验采用三种煤样,分别取自澳大利亚(A 煤样和 B 煤样)和中国(C 煤样)。将取得的大块煤样钻取并切割出 5 个圆柱体样品,样品直径 25.4 mm,高 40 mm,样品基本参数见表 6-1。实验前,对每个样品表面进行打磨并缠裹密封胶带以保证后期渗透率测试的气体密封性。由于煤中的水为微波强吸收体,为研究水分对煤体渗透率及其微波响应的影响,通过真空饱水机赋予煤样不同的初始含水状态,并利用称重法得到其初始含水率。

表 6-1　渗透率测试煤样基本参数

样品编号	长度/cm	直径/cm	初始质量/g	含水状态	饱水时间/h	含水率/%
A1	4.08	2.54	25.67	干燥	0	0
A2	3.97	2.49	24.10	润湿	1	2.57
A3	3.96	2.51	24.72	润湿	4	4.63

表 6-1(续)

样品编号	长度/cm	直径/cm	初始质量/g	含水状态	饱水时间/h	含水率/%
A4	3.97	2.53	24.85	润湿	8	5.25
A5	4.05	2.52	25.17	饱水	循环饱水	—
B1	3.95	2.59	25.91	干燥	0	0
B2	3.96	2.55	25.46	润湿	1	1.51
B3	3.98	2.57	25.61	润湿	4	2.21
B4	3.95	2.57	25.50	润湿	8	2.84
B5	3.99	2.53	25.00	饱水	循环饱水	—
C1	3.93	2.52	24.39	干燥	0	0
C2	3.95	2.57	25.71	润湿	1	1.08
C3	4.05	2.54	25.85	润湿	4	1.52
C4	3.98	2.55	25.38	润湿	8	2.09
C5	3.95	2.49	24.26	饱水	循环饱水	—

微波辐射和渗透率测试是两套独立的系统，为避免微波泄漏，谐振腔式微波反应器采用全封闭设计；若采用天线式微波发生器，渗透率测试系统的各金属部件都会对微波产生强烈的反射作用，因此，在当前技术水平下难以实现微波注热过程中的实时渗透率测试。微波热效应引起的热膨胀应变和甲烷吸附膨胀应变是可逆的，而热效应对煤体孔、裂隙的改造及微波脱水效应是不可逆的，在微波辐射前后进行测试可以探知不可逆因素对煤体渗透特性的影响，而可逆因素对煤体渗透率的改造机制可以借助数值模拟揭示。

2）实验原理与方法

煤岩渗透率测试包括稳态法及瞬态压力脉冲法，稳态法指在样品两侧施加不同压力，气体在压力差下渗透过样品，当流量稳定后，可以通过流经样品的气体总量计算其渗透率。瞬态压力脉冲法如图 6-10 所示，对样品两端进行压力平衡一段时间后，提高上游压力，在样品两端形成瞬间脉冲压力差，气体渗流下上游压力不断下降而下游压力不断上升，直至样品达到新的压力平衡状态。其渗透率计算方程为[186]：

$$\frac{P_{up}(t) - P_{dn}(t)}{P_{up}(t_0) - P_{dn}(t_0)} = e^{-\alpha t} \tag{6-4}$$

$$\alpha = \frac{k}{\mu \beta L^2} V_R \left(\frac{1}{V_{up}} + \frac{1}{V_{dn}} \right) = \frac{kA}{\mu \beta L} \left(\frac{1}{V_{up}} + \frac{1}{V_{dn}} \right) \tag{6-5}$$

$$k = \frac{\alpha \mu \beta L V_{up} V_{dn}}{A(V_{up} + V_{dn})} = \frac{\alpha \mu \beta L V_{up} V_{dn}}{\pi r^2 (V_{up} + V_{dn})} \tag{6-6}$$

式中 $P_{up}(t)-P_{dn}(t)$——t 时刻样品上下游压差，MPa；

α——压差-时间曲线拟合系数；

μ——气体动力黏度，Pa·s；

k——样品渗透率，mD；

L——样品长度，m；

V_R——样品体积，m³；

A——样品横截面面积，m²；

r——样品半径，m；

μ——气体动力黏度，Pa·s；

β——气体压缩系数；

V_{up},V_{dn}——样品上下游气罐体积，m³。

测试完成后对压差-时间曲线拟合得到斜率 α，再将 α 代入式（6-6）就可以计算出 k。

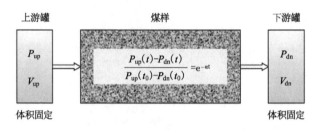

图 6-10　瞬态压力脉冲法原理图

稳态法通常适用于高渗样品，而瞬态压力脉冲法则更适用于低渗样品，该方法测试周期更短，精度更高。因此，本实验利用瞬态压力脉冲法对煤样渗透率进行测试。

3）实验系统

本实验采用昆士兰大学应用力学教学实验室自主设计研发的煤岩渗透率测试系统，系统组成及原理见图 6-11，系统实物见图 6-12。该系统主要包括：高压气瓶、RCHT 型煤芯夹持器、ISCO 500D 型注射泵组、Enerpac 型手动泵、LabVIEW 全自动数据采集系统、高压气罐(包括上游罐和下游罐)及真空泵，上述 7 个单元通过 Swagelok ⓒ公司生产的高压阀门及管路连接。煤样渗透率测试主要包括以下步骤：首先，在煤样侧面缠裹密封胶带并送入承压管内；然后，利用 ISCO-B 泵向煤样施加围压；其次，打开真空泵对煤样抽真空 24 h 以上；在此，利用 A 泵向煤样注入氦气；最后，调节上下游气罐压力使其与夹持器形成气流回路，期间不断采集气罐压力值并计算出煤样渗透率。

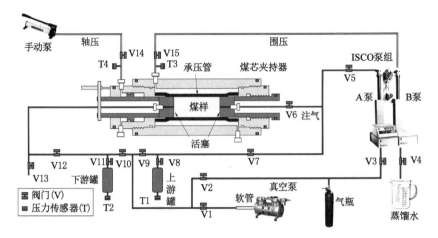

图 6-11 煤岩渗透率测试系统原理图

图 6-12 煤岩渗透率测试系统实物图

6.3.2 渗透率影响因素分析

由于本书重点是对比微波辐射前后煤体渗透特性的变化,为简化问题,采用非吸附性氦气测试。首先,在恒温条件下研究有效应力及含水率对煤体渗透率的影响,然后分别探讨干燥煤样及润湿煤样渗透特性的微波响应。在研究渗透率影响因素时采用 A5、B5 和 C5 煤样,对干燥煤样循环饱水,通过称重法得到每个循环的含水率,并对干燥煤样及每个循环后的润湿煤样施加不同的应力路径并测试渗透率,在施加应力路径时,将孔隙压力固定在 3 MPa,围压设定为 4~6 MPa。表 6-2 及图 6-13~图 6-15 为原始煤样渗透率随围压、含水率的演化规律。由于本实验的测试气体氦气为非吸附性气体,煤样在注气阶段结束后就能达到孔隙压力平衡而直接进入渗透率测试阶段,极大地节省了测试时间,在分析煤样渗透率演化过程中不需要考虑吸附变形(基质膨胀或收缩)因素。

表 6-2 不同围压和含水率下的煤样渗透率

样品编号	含水率/%	渗透率/mD				
		围压 4 MPa	围压 4.5 MPa	围压 5 MPa	围压 5.5 MPa	围压 6 MPa
A5	0	1.188 0 0	1.047 97	0.870 00	0.717 52	0.660 00
	1.46	0.756 66	0.660 00	0.582 15	0.460 00	0.415 79
	2.39	0.514 00	0.446 56	0.362 66	0.306 34	0.268 35
	3.53	0.327 29	0.286 53	0.250 46	0.209 67	0.184 26
	4.97	0.148 15	0.119 35	0.111 53	0.101 19	0.072 59
	5.56	0.108 61	0.085 24	0.080 52	0.065 85	0.054 86
B5	0	0.701 61	0.617 34	0.526 99	0.474 76	0.427 21
	0.79	0.524 46	0.451 52	0.407 82	0.365 56	0.328 12
	1.51	0.408 98	0.360 73	0.310 27	0.289 47	0.250 19
	2.21	0.321 78	0.287 28	0.257 84	0.227 18	0.203 09
	2.88	0.239 59	0.210 13	0.186 67	0.170 53	0.152 19
	3.13	0.224 32	0.196 29	0.170 34	0.153 73	0.138 07
C5	0	0.148 70	0.125 81	0.109 96	0.095 66	0.080 06
	0.54	0.110 88	0.097 59	0.081 17	0.072 13	0.061 64
	1.08	0.080 36	0.070 30	0.060 84	0.052 07	0.045 47
	1.58	0.058 28	0.050 83	0.044 35	0.038 57	0.032 87
	1.79	0.051 31	0.043 40	0.037 62	0.033 12	0.028 19
	2.47	0.030 34	0.025 71	0.022 43	0.019 20	0.016 29

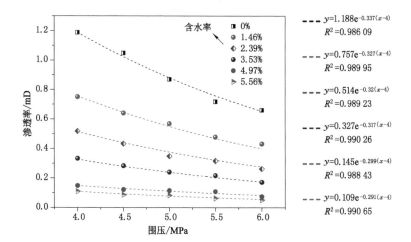

图 6-13 A5 煤样渗透率随围压、含水率的演化规律

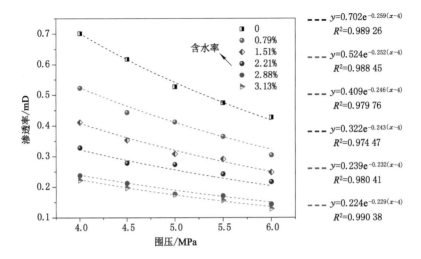

图 6-14　B5 煤样渗透率随围压、含水率的演化规律

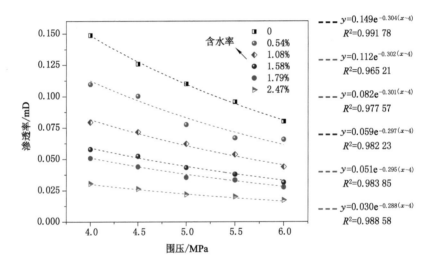

图 6-15　C5 煤样渗透率随围压、含水率的演化规律

　　由图 6-13～图 6-15 可知,当孔隙压力不变时,随着围压的增大,煤样承受的有效应力逐渐升高,在煤基质不产生吸附变形的情况下,裂隙开度在有效应力的压缩下逐渐缩小,导致煤样渗透率不断降低;另外,由于煤基质及煤中裂隙存在一定刚度,随着围压的增大,煤体不断被压缩,其抵抗变形的能力也逐渐显现,因此,渗透率下降幅度逐渐减小,对其散点图进行拟合可以得知渗透率与围压呈负指数关系,见表 6-3,该发现与前人研究结果相吻合[186]。

表 6-3　煤样裂隙压缩因子

样品编号	含水率/%	渗透率拟合关系式	R^2	初始围压渗透率/mD	裂隙压缩因子/MPa^{-1}
A5	0	$y=1.188e^{-0.337(x-4)}$	0.986 09	1.188	0.112 3
	1.46	$y=0.757e^{-0.327(x-4)}$	0.989 95	0.757	0.109 0
	2.39	$y=0.514e^{-0.32(x-4)}$	0.989 23	0.514	0.106 7
	3.53	$y=0.327e^{-0.317(x-4)}$	0.990 26	0.327	0.105 7
	4.97	$y=0.145e^{-0.299(x-4)}$	0.988 43	0.145	0.099 7
	5.56	$y=0.109e^{-0.291(x-4)}$	0.990 65	0.109	0.097 0
B5	0	$y=0.702e^{-0.259(x-4)}$	0.989 26	0.702	0.086 3
	0.79	$y=0.524e^{-0.252(x-4)}$	0.988 45	0.524	0.084 0
	1.51	$y=0.409e^{-0.246(x-4)}$	0.979 76	0.409	0.082 0
	2.21	$y=0.322e^{-0.243(x-4)}$	0.974 47	0.322	0.081 0
	2.88	$y=0.239e^{-0.232(x-4)}$	0.980 41	0.239	0.077 3
	3.13	$y=0.224e^{-0.229(x-4)}$	0.990 38	0.224	0.076 3
C5	0	$y=0.149e^{-0.304(x-4)}$	0.991 78	0.149	0.101 3
	0.54	$y=0.112e^{-0.302(x-4)}$	0.965 21	0.112	0.100 7
	1.08	$y=0.082e^{-0.301(x-4)}$	0.977 57	0.082	0.100 3
	1.58	$y=0.059e^{-0.297(x-4)}$	0.982 23	0.059	0.099 0
	1.79	$y=0.051e^{-0.295(x-4)}$	0.983 85	0.051	0.098 3
	2.47	$y=0.030e^{-0.288(x-4)}$	0.988 58	0.030	0.096 0

　　下面分析煤样渗透率与其含水率之间的关系。由图 6-13～图 6-15 及表 6-2 可知,不同煤种渗透率差异显著,在围压为 4 MPa 时,干燥的澳大利亚煤样 A5 和 B5 渗透率分别为 1.188 mD 和 0.701 61 mD,而干燥的中国煤样 C5 的渗透率仅为 0.148 7 mD,澳大利亚煤样渗透率为中国煤样的 7～10 倍。不同煤样的饱和含水率不同,分别为 5.56%(A5),3.13%(B5)和 2.47%(C5),这可能是因为其孔隙率存在差异,由于饱水处理时水主要进入煤体裂隙及开放孔内,不同孔隙率的煤体其储水能力差异显著。

　　图 6-16 是围压为 4 MPa 时煤样渗透率随含水率的演化规律,对于三种煤样而言,随着含水率的增大其渗透率都逐渐降低,通过拟合得知渗透率-含水率也符合负指数关系。研究表明,石油、天然气开采过程中的水相滞留(水锁效应)极易导致吸附气体解吸速率及油气相对渗透率的降低,造成储层损害。煤岩中的水通常会附着在矿物表面[187],由于煤岩表面的微观结构及理化性质各向异性较强,矿物颗粒及孔裂隙尺度从纳米到毫米都有分布,不同尺度的颗粒其表面粗

糙度各异,因此,矿物表面的润湿机制及水膜的稳定性问题极为复杂。水膜的存在改变了裂隙开度,当裂隙水脱除时,水膜厚度会发生相应改变,从而影响流体运移。中川(Nakagawa)等[188]认为煤体孔裂隙表面相对粗糙,而附着在孔裂隙表面的水分能够形成一个相对平滑的膜,煤的吸/脱水效应能够改变其表面结构及物化性质,见图 6-17(a);巴赫拉米(Bahrami)等[189]将煤体简化为三相介质系统,其中的固态煤基质表面为光滑的曲面,液态水在基质表面附着形成一层光滑的膜,气态瓦斯在水膜间的裂隙中扩散、运移,见图 6-17(b);滕腾(T. Teng)[111]等将裂隙水简化为与煤基质呈同心相似形态的水环带,并据此建立了煤的有效渗透率模型,该模型综合考虑了裂隙水蒸发导致的有效渗透率变化及其温度效应[见图 6-17(c)],认为在煤层气注热增产过程中,水分蒸发影响了基质表面的水膜厚度,从而导致煤体孔隙率及渗透率的改变。

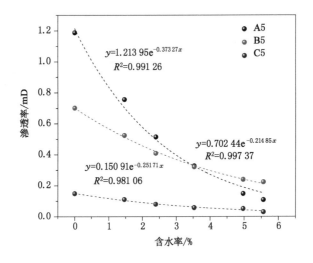

图 6-16　煤样渗透率随含水率的演化规律

由于本实验是通过煤体内外压力差将水吸入开放孔裂隙系统,因此,主要改变了煤的裂隙水含量,由于注水压力较小(一个大气压),基质水几乎不变,因此,可以用裂隙水膜理论解释煤样渗透率随含水率增大而减小的现象。

裂隙压缩因子反映了煤体裂隙的应力敏感性。裂隙压缩因子可以通过渗透率现场测试和渗透率模型拟合得到,也可以通过一系列渗透率物理测试反演[186]。考虑到裂隙压缩因子可能是一个变量,裂隙压缩因子的应力相关性在1988 年被首次提出[190]:

$$c_f = \frac{c_{f0}}{\alpha_f(\sigma_e - \sigma_{e0})}\left[1 - e^{-\alpha_f(\sigma_e - \sigma_{e0})}\right] \tag{6-7}$$

式中　c_f——裂隙压缩因子,MPa^{-1};

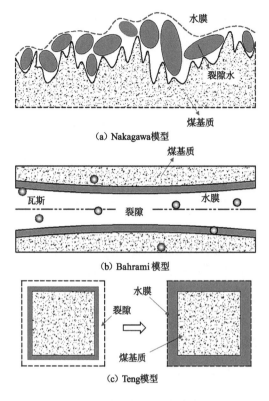

图 6-17　煤体裂隙水模型

c_{f0}——初始裂隙压缩因子，MPa^{-1}；

α_f——裂隙压缩因子的应力变化率；

σ_e，σ_{e0}——有效应力及其初始值，MPa。

裂隙压缩因子也可以通过测试不同围压下渗透率的变化来反演得到[191]：

$$k = k_0 e^{-3c_f(\sigma-\sigma_0)} \tag{6-8}$$

式中　k，k_0——渗透率及其初始值，mD；

　　　σ，σ_0——围压及其初始值，MPa。

式(6-8)中计算的裂隙压缩因子可以间接反映煤体裂隙对外界应力变化的敏感性，因此其对不同地应力环境下的渗透率预测也至关重要。利用式(6-8)对三种煤样的渗透率-围压测试结果进行拟合，结果见图 6-13～图 6-15 及表 6-3。由图表可知，各组渗透率测试结果的负指数拟合度较高（R^2＝0.979 95～0.999 38），这说明式(6-8)能够较为精确地预测渗透率-围压的函数关系。

由表 6-3 可知，对于同一种煤样而言，煤样的初始围压渗透率随着含水率的增大而减小，这说明当围压和孔隙压力相同时，煤样的渗透率还受其含水率的影响。图 6-18 为煤样裂隙压缩因子随含水率的演化规律，由图可知，对于同一种煤样而言,其裂隙压缩因子随着含水率的增大而减小,裂隙压缩因子和含水率的关系可以利用线性函数拟合,这说明含水率越高,煤样的应力敏感性越差。在地面煤层气排采或井下瓦斯抽采现场,大多采用地面井或钻孔卸压排采/抽采的方法,通过水力压裂、水力割缝等卸压措施减小钻孔/地面井周围地应力以达到煤层增透的效果,而对于富水煤层,其裂隙压缩因子较高,煤体卸压增透效果较差,煤层气难以采出,因此,煤层气的采前排水对提高采收率尤为重要。

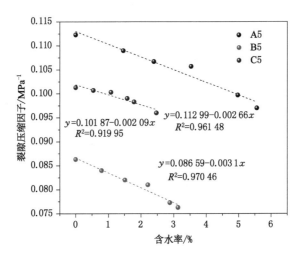

图 6-18 煤样裂隙压缩因子随含水率的演化规律

6.3.3 煤样渗透特性的微波响应

由于煤中水分的微波吸收性极强,对干燥煤样和润湿煤样渗透特性的微波响应分开研究。干燥煤样采用 A1,B1 和 C1,实验前对煤样真空干燥至质量不再变化。在对原始煤样测试渗透率后对其进行循环微波处理,微波功率固定为 1 kW,每个循环微波辐射时间为 30 s,对每个循环微波辐射前后的煤样测试渗透率,每一种煤样收到的累积微波辐射能量为 30 kJ、60 kJ、90 kJ 和 120 kJ。为衡量微波能量对不同煤样渗透率的影响机制,定义一个煤样微波增透率,即:

$$\frac{k-k_0}{k_0} \times 100\% \tag{6-9}$$

式中 k, k_0——微波辐射后煤样渗透率及其初始值,mD。

三种干燥煤样渗透率随微波能量及围压的演化规律见表 6-4 和图 6-19~图 6-21。当微波能量提高到 120 kJ 时,B1 煤样损坏,无法继续测试其渗透率,因此缺少该部分数据。对于同一种煤样如 A1 和 A5,其渗透率虽在一个数量级上却存在一定差异,这是由于不同煤样的宏观裂隙分布及矿物充填特征不同,这也反映了煤体结构的复杂性,虽如此,却不影响分析微波对煤体渗透特性的作用机制。分析图表可知:不同种类的煤样,无论微波作用前还是作用后,都遵循渗透率随有效应力的增大而减小的规律,这说明微波辐射并未改变煤体的裂隙压缩性。微波辐射后,三种煤样的渗透率均呈现不同程度的升高,这说明微波辐射对煤样有增透效果;随着微波辐射能量的提高,煤样渗透率逐渐增大。

表 6-4 不同微波能量下干燥煤样渗透率

样品编号	围压/MPa	无微波	微波能 30 kJ		微波能 60 kJ		微波能 90 kJ		微波能 120 kJ	
			渗透率/mD	增透率/%	渗透率/mD	增透率/%	渗透率/mD	增透率/%	渗透率/mD	增透率/%
A1	4	1.307	1.309	0.187	1.350	3.262	1.373	5.024	1.407	7.659
	4.5	1.135	1.151	1.403	1.161	2.300	1.174	3.440	1.224	7.871
	5	1.014	1.028	1.416	1.033	1.920	1.051	3.637	1.057	4.260
	5.5	0.855	0.860	0.534	0.869	1.618	0.881	3.059	0.893	4.427
	6	0.769	0.776	0.932	0.785	2.001	0.790	2.737	0.812	5.617
B1	4	0.618	0.624	1.075	0.652	5.568	0.678	9.691	—	—
	4.5	0.538	0.540	0.536	0.566	5.302	0.588	9.449	—	—
	5	0.457	0.475	3.957	0.483	5.665	0.489	7.180	—	—
	5.5	0.401	0.404	0.738	0.417	4.015	0.441	9.887	—	—
	6	0.330	0.338	2.310	0.344	4.103	0.357	7.957	—	—
C1	4	0.203	0.214	5.439	0.250	22.825	0.283	39.006	0.346	69.975
	4.5	0.171	0.190	11.559	0.225	31.809	0.265	55.178	0.301	76.133
	5	0.157	0.170	8.512	0.192	22.594	0.205	30.864	0.239	52.661
	5.5	0.140	0.143	1.816	0.160	13.948	0.191	36.059	0.219	56.005
	6	0.127	0.140	9.780	0.157	22.865	0.155	21.397	0.186	46.068

注:"—"表示煤样损坏,无法继续测试其渗透率

下面分析微波对煤体的增透机制,研究表明,微波辐射热效应对煤体有疏孔、扩孔及致裂作用,即:① 微波热效应熔蚀了裂隙中充填的黄铁矿等矿物质,残余水分及挥发分的脱除增大了开放孔的有效孔径及裂隙的有效开度[36,72];② 当微波热辐射作用于闭合孔内的游离水时,水分蒸发形成的高温高压气流会不断冲击孔壁,最终导致闭合孔的打开及孔喉的连通[34,64];③ 高温导致煤中化合水的脱除及煤体骨架中有机大分子结构的裂解,部分不稳定脂肪侧链、含氧官能团及亚甲基脱落产生气体,这也会导致孔裂隙的疏通[64,70];④ 煤体异质性决定了微波热力响应的不均匀性,这种不均匀受热会产生热应力撕裂煤体[66-68],从而增大了裂隙密度及表面积[35]。虽然渗透率测试是在常温下进行,微波热效应已然消失,但是微波注热造成的煤体孔裂隙结构演化是不可逆的,因此,微波

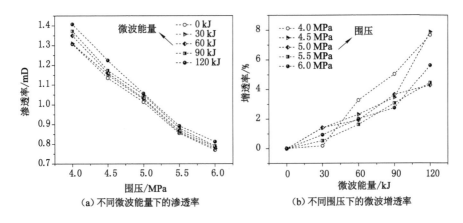

（a）不同微波能量下的渗透率 　　　　（b）不同围压下的微波增透率

图 6-19　A1 煤样渗透率随微波能量的演化规律

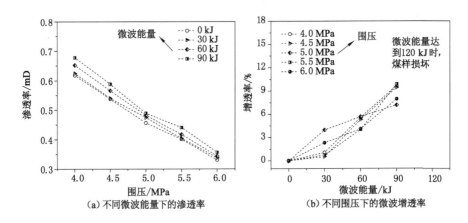

（a）不同微波能量下的渗透率 　　　　（b）不同围压下的微波增透率

图 6-20　B1 煤样渗透率随微波能量的演化规律

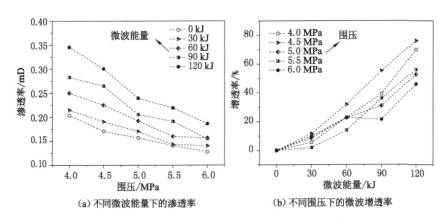

（a）不同微波能量下的渗透率 　　　　（b）不同围压下的微波增透率

图 6-21　C1 煤样渗透率随微波能量的演化规律

对煤体孔裂隙的综合作用导致煤中渗流空间增大,渗透率大幅提高。

对比图 6-19~图 6-21 可知,微波辐射对不同种类煤样的增透效果差异显著,A1 煤样的最大微波增透率仅为 7.871%,而 C1 煤样的最大微波增透率可以达到 76.133%,这可能是因为不同煤样的物质组成及物性结构不同,低透煤样 C1 的微波增透效果较强,这可能是由于 C1 闭合孔比例较高,裂隙发育性较差,其对微波辐射的敏感性较强,微波辐射将很多闭合孔转化为开放孔并产生了很多新裂隙,从而极大地促进了煤体渗透性;反观高透煤样 A1 和 B1,由于其孔渗性本就比较理想,闭合孔比例较低,裂隙较为发育,因此,微波热效应只对其原生裂隙产生延展、扩张,而新裂隙产生较少,其渗透率的微波敏感性也较低。整体来看,随着有效应力的增大,煤样微波增透率趋于减小,这是高应力迫使部分开放孔裂隙重新闭合的结果。

图 6-22 为煤样微波增透率随含水率的演化规律,其中,1 号为干燥煤样,5 号为饱水煤样最后一次循环饱水后进行微波辐射的增透率,采用的微波能量均为 60 kJ,测试围压均为 4 MPa。由图可知,随着煤样含水率的增大,微波增透率整体呈指数型增长,这是由于含水率的提高一方面增大了煤样整体介电常数,在相同的微波能量下产生的热量越多,微波热效应对孔裂隙系统的改造越显著;另一方面增大了煤体介电非均质性,裂隙中的水在微波的作用下形成一条条高温带,这种热梯度极易导致裂隙的扩张而大幅提高煤体渗透率。由于微波不均匀加热极易造成煤样损坏而导致渗透率测试失败,本次实验均采用较小的微波能量,但可以推断,随着微波能量的提高,煤样破碎概率越大,这说明煤中极高的热应力会催生出很多新裂隙,渗透率势必会不断增大。

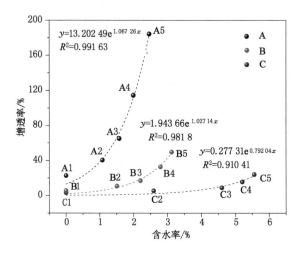

图 6-22　煤样微波增透率随含水率的演化规律

6.4 微波辐射下煤体瓦斯储运机制

微波辐射对煤体分子结构及孔隙结构的改造势必会对其瓦斯解吸特性产生影响,由于本书采用的微波辐射系统为全封闭设计,难以实现辐射过程瓦斯解吸的实时测定,然而,考虑到微波对煤体结构的改造是不可逆的,分别对辐射前后煤样的瓦斯解吸特性进行表征也具有一定说明性。图6-23和图6-24分别为煤的瓦斯解吸实验系统原理图及实物图。

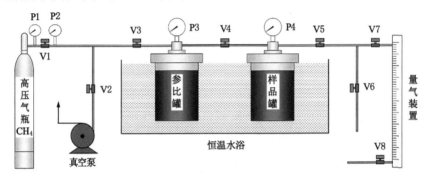

图 6-23 煤的瓦斯解吸实验系统原理图

图 6-24 煤的瓦斯解吸实验系统实物图

系统由高压气瓶、真空泵、恒温水浴、参比罐、样品罐和量气装置组成,采用排水法测量解吸气体体积。实验煤样采用 WJ 煤,首先,将煤样筛至 60 目以下并真空干燥 24 h;然后对煤样进行不同能量的微波处理;最后,利用瓦斯解吸实验系统测试微波辐射前后煤体瓦斯解吸特性。步骤如下:

① 将样品罐从恒温水浴中取出,称取煤样 100 g 放入罐中,并将样品罐放回恒温水浴中,将水浴温度调节至 30 ℃;

② 关闭阀门 V1、V5,打开阀门 V2、V3 及 V4,打开真空泵抽真空 24 h;

③ 抽真空完成后,关闭阀门 V2、V4,然后关闭真空泵;

④ 打开甲烷高压气瓶阀门,调节减压阀 V1,当压力表 P3 达到预定压力(本实验为 3 MPa)时,关闭阀门 V1、V3;

⑤ 当压力表 P3 压力稳定后,打开阀门 V4,将参比罐甲烷充入样品罐;

⑥ 随着样品罐内的煤样吸附甲烷气体,压力表 P4 上的读数缓慢降低;

⑦ 当压力表 P4 达到预定压力(本书取 1.8 MPa)时,关闭阀门 V4,打开 V8 并向量气装置内注满去离子水;

⑧ 关闭阀门 V7,打开 V5、V6,将样品管内的游离甲烷排出,当压力表 P4 读数为 0 时关闭 V6,打开 V7,对量气装置连续读数 2 h;

⑨ 关闭所有阀门,取出样品罐内的煤样并重复步骤①～⑧。

图 6-25 为微波辐射前后煤样的瓦斯解吸曲线。由图可知,随着时间的累积,各煤样的瓦斯解吸量均呈单调增加的趋势,解吸速度先快后慢;四种煤样的解吸曲线具有良好的相似性,微波能量越高,瓦斯解吸速度越快,总解吸量越大,例如,原煤的总解吸量为 452 mL/g,而在经历 1 080 kJ 的微波辐射后,煤样的总解吸量骤增到 906.2 mL/g;另外,随着微波能量的提高,瓦斯解吸平衡时间也逐渐延后,例如:原煤的解吸平衡时间为 70 min,而在经历 1 080 kJ 的微波辐射后,煤样的解吸平衡时间增大到 100 min。上述现象说明微波辐射增扩了原煤孔隙结构,微孔、小孔的减少及中孔、大孔的增多降低了煤的总比表面积并增大了总孔容,从而极大地改善了煤体孔隙结构,使得瓦斯扩散阻力降低,另外,微波辐射对煤体的致裂作用疏通了瓦斯渗流通道并增大了煤体渗透率,使得瓦斯更容易从煤基质及孔隙系统中运移出来。

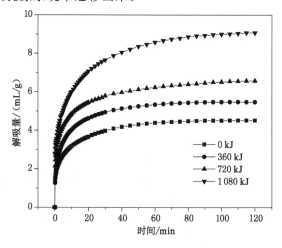

图 6-25 微波辐射前后煤样瓦斯解吸曲线

7 工程应用探讨

前文研究表明,在零围压条件下,微波辐射热效应能够对煤体物性结构实施有效改造以达到促进瓦斯解吸、增大煤体渗透率的效果。然而,微波辐射对原位煤体瓦斯储运的影响机制尚不清楚,因此,本章将利用数值模拟揭示微波辐射煤层的电磁-热-流-固耦合机制:首先,对煤层微波注热增产进行可行性分析;其次,建立微波辐射煤层的电磁-热-流-固全耦合模型;然后,研究微波辐射煤体的多场耦合效应及其对瓦斯储运的影响;最后,对微波辐射煤层做敏感性分析以得知不同因素对煤层微波改造的影响作用。

7.1 瓦斯微波增产可行性分析

电磁注热增产已经广泛应用于石油领域[192],其原理是利用天线将电磁能导入储层,温度的升高降低了原油黏度并提高了其流动性,从而提高了石油产量。B. Hascakir 等人于 2009 年证实了微波注热能够大幅提高重油产量[193];J. Greff 和 T. Babadagli 发现纳米金属颗粒可以大幅加强重油的微波增产效果[194];D. Denney 研究发现微波注热能够有效解除煤层"水锁效应"继而提高煤层气产量,微波注热后,储层气体渗透率提高了 $107\% \sim 266\%$[195];M. Bientinesi 等人建立了一个石油储层的相似模型并成功将微波天线导入其中实施注热增产[196],实验得到的储层温度场与模拟结果吻合度较高;M. M. Abdulrahman 和 M. Meribout 利用相似物理实验及数值模拟对微波注热天线进行了优化[197];在现场应用方面:P. P. D. Vaca 等人提出可以通过水平井或垂直井实现重油的原位微波增产[198](见图 7-1);G. C. Sresty 等人在 Asphaly Ridge 油田实施了微波注热现场试验,首次证实了石油微波注热增产的可行性[199]。

通过以上分析,微波能量可以通过波导和天线导入煤层(见图 7-2)。首先,由底板巷向煤层施工瓦斯抽采钻孔;然后,将波导与天线连接并和抽采管一起放入钻孔内;天线与钻孔壁之间安装特氟龙护管;最后密封钻孔,打开微波发生器后实施瓦斯抽采。微波发生器产生的微波通过矩形波导、波导转换器及同轴波导传递到钻孔内的天线处,并由天线向煤层辐射注热,一方面,微波辐射热效应提高了煤体温度,瓦斯气体大量解吸;另一方面,微波辐射改变了煤体物性结构,

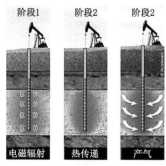

（a）单井微波注热

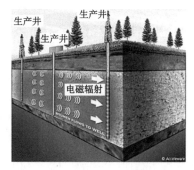

（b）多组垂直井微波注热

（c）多组水平井微波注热

图 7-1　石油储层的微波注热增产模式[198]

煤层含水饱和度大大降低,煤体孔隙率、渗透率迅速提高,从而极大地促进了瓦斯抽采。由于煤基质是微波透明体,而煤中水分是微波吸收体,利用微波的穿透性对水进行选择性加热决定了其比注热水或热蒸气更加节能,更加经济。

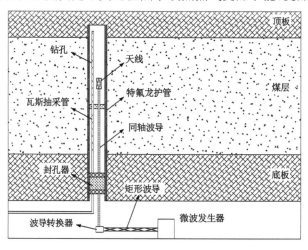

图 7-2　煤层的微波注热增产示意图

7.2 电磁-热-流-固全耦合模型

煤层内的瓦斯运移涉及煤体变形、气体滑移、吸附导致的基质收缩/膨胀、热传递,研究瓦斯运移必须兼顾各物理场的交互耦合。温度是影响煤体变形及瓦斯运移的关键[108]。瓦斯赋存具有极强的温度敏感性[103];煤的异质性可能会引发不均匀受热从而产生热应力,这些热应力会引起煤体变形并改造渗透率[104];煤体升温会驱使气体从煤基质中解吸出来并处于一种自由、活跃状态。温度的升高会促使瓦斯由吸附态转变为游离态,微波热改造会导致煤层温度及含水率的改变,从而触发复杂的气-固耦合作用。近年来,众多学者为定量表征煤层气开采中复杂的气-固耦合过程已建立了一系列数值模型,然而涉及微波电磁-热耦合效应的煤层渗透率模型未见报道。本模型首先通过介质损耗将电磁场与传热场联立起来以实现微波注热,这是一个双场双耦合过程;然后,通过热膨胀耦合模块、热流动耦合模块、热解吸效应、吸附膨胀效应建立起渗透率模型并将传热场、固体力学场及渗流场耦合起来,这是一个多场耦合过程;最终建立起一个电磁-热-流-固全耦合模型。

7.2.1 电磁激励方程

宏观层面的电磁分析主要包括在特定的边界条件下求解麦克斯韦方程,麦克斯韦方程描述了物质在电磁场下的本构关系。本章的电磁激励方程沿用2.4.3节的式(2-5)~式(2-10)。

7.2.2 介质传热方程

本模型采用的固体传热方程如下[82]:

$$\rho c_p \left(\frac{\partial T}{\partial t} + \boldsymbol{u}_{\text{trans}} \cdot \nabla T \right) + \nabla \cdot (\boldsymbol{q} + \boldsymbol{q}_{\text{r}}) = -\alpha T : \frac{\mathrm{d}\boldsymbol{S}}{\mathrm{d}t} + Q \qquad (7\text{-}1)$$

式中　ρ——煤体密度,kg/m³;

　　　c_p——煤的比定压热容,J/(kg・K);

　　　T——煤体绝对温度,K;

　　　$\boldsymbol{u}_{\text{trans}}$——平移运动速度矢量,m/s;

　　　$\boldsymbol{q}$——热传导通量,W/m²;

　　　$\boldsymbol{q}_{\text{r}}$——热辐射通量,W/m²;

　　　α——煤体热膨胀系数,K⁻¹;

　　　$\boldsymbol{S}$——第二 Piola-Kirchhoff 应力矢量,Pa;

　　　Q——外部热源,W/m³。

针对煤层的微波辐射，$u_{trans} = 0 \text{ m/s}$，$q_r = 0 \text{ W/m}^2$，同时，忽略热弹性阻尼，因此，热传导通量 q 可以表示为：

$$q = -k \nabla T \tag{7-2}$$

式中　k——煤体导热系数，$\text{W}/(\text{m} \cdot \text{K})$。

综上所示，可以得到一个修正传热方程[200]：

$$\rho c_p \frac{\partial T}{\partial t} = \nabla \cdot (k \nabla T) + Q \tag{7-3}$$

将式(2-11)～式(2-13)代入式(7-3)，可以得到微波辐射煤层的电磁-热耦合方程[136]：

$$\rho c_p \frac{\partial T}{\partial t} = \nabla \cdot (k \nabla T) + \frac{1}{2} \left[\text{Re}(\boldsymbol{J} \cdot \boldsymbol{E}^*) + \text{Re}(i\omega \boldsymbol{B} \cdot \boldsymbol{H}^*) \right] \tag{7-4}$$

7.2.3　固体变形方程

煤体可以看作受应力和瓦斯运移影响的线弹性材料，诸多文献已经指明了热弹性多孔介质的应力-应变本构关系[93,201]。在考虑孔隙压力、热膨胀、吸附应变等因素时，煤的非等温固体变形方程可以表示为[94]：

$$\Delta \varepsilon_{ij} = \frac{1}{2G} \Delta \sigma_{ij} - \left(\frac{1}{6G} - \frac{1}{9K} \right) \Delta \sigma_{kk} \delta_{ij} + \frac{\alpha}{3K} \Delta p \delta_{ij} + \frac{\alpha_T}{3} \Delta T \delta_{ij} + \frac{\Delta \varepsilon_s}{3} \delta_{ij} \tag{7-5}$$

其中　$G = E/2(1+\upsilon)$；$K = E/3(1-2\upsilon)$；$\sigma_{kk} = \sigma_{11} + \sigma_{22} + \sigma_{33}$；$\alpha = 1 - K/K_s$

式中　ε_{ij}——总应变矢量；

　　　σ_{ij}——总应力矢量，MPa；

　　　G——煤的剪切模量，MPa；

　　　E——煤的弹性模量，MPa；

　　　υ——煤的泊松比；

　　　K——煤的体积模量，MPa；

　　　K_s——煤骨架的体积模量，MPa；

　　　α——比奥系数；

　　　δ_{ij}——Kronecker 符，当 $i=j$ 时，$\delta_{ij}=1$，当 $i \neq j$ 时，$\delta_{ij}=0$；

　　　p——煤层瓦斯压力，MPa；

　　　α_T——煤的热膨胀系数，K^{-1}；

　　　T——煤层温度，K；

　　　ε_s——瓦斯吸附引起的煤基质体积应变。

瓦斯吸附引起的煤基质体积应变 ε_s 可以表示为[103,104]：

$$\varepsilon_s = \alpha_s V_s \tag{7-6}$$

式中　α_s——吸附体积应变系数，kg/m^3；

　　　V_s——煤基质吸附瓦斯含量，m^3/kg。

根据式(7-5),可以得到煤体体积应变增量为:

$$\Delta \varepsilon_v = -\frac{1}{K}(\Delta \bar{\sigma} - \alpha \Delta p) + \alpha_T \Delta T + \Delta \varepsilon_s \qquad (7-7)$$

式中 $\varepsilon_v = \varepsilon_{11} + \varepsilon_{22} + \varepsilon_{33}$;

$\bar{\sigma} = -\sigma_{kk}/3$ ——平均应力,MPa。

当忽略惯性力的作用时,煤的应力平衡和应变-位移本构方程可以表示为[202]:

$$\sigma_{ij,j} + f_i = 0 \qquad (7-8)$$

$$\varepsilon_{ij} = \frac{1}{2}(u_{i,j} + u_{j,i}) \qquad (7-9)$$

式中 f_i ——i 方向的体积应力分量;

$u_i(i=x,y,z)$ ——i 方向的位移分量。

将式(7-6)～式(7-9)联立可得煤体变形的修正 Navier 方程:

$$Gu_{i,jj} + \frac{G}{1-2\upsilon}u_{j,ji} - \alpha p_{,i} - K\alpha_T T_{,i} - K\varepsilon_{s,i} + f_i = 0 \qquad (7-10)$$

7.2.4 气体流动方程

达西定律通常被用来模拟多孔介质内的流体流动[25]:

$$\boldsymbol{u} = -\frac{k}{\mu}\nabla p \qquad (7-11)$$

式中 $\boldsymbol{u}$ ——气体流速,m/s;

k ——煤体渗透率,m^2;

μ ——瓦斯动力黏度,Pa・s。

根据质量守恒原理,气体流动连续性方程为:

$$Q_m = \frac{\partial m}{\partial t} + \nabla \cdot (\rho_g \boldsymbol{u}) \qquad (7-12)$$

式中 Q_m ——质量源项,kg/(m^3・s);

t ——时间,s;

ρ_g ——瓦斯气体密度,kg/m^3;

m ——瓦斯气体质量,kg/m^3,包括吸附气体和游离气体[203]:

$$m = \rho_g \varphi + (1-\varphi)\rho_{gs}\rho_c V_s \qquad (7-13)$$

式中 φ ——煤体孔隙率;

ρ_{gs} ——标准状态下的气体密度,kg/m^3;

ρ_c ——煤体密度,kg/m^3;

V_s ——煤基质吸附瓦斯含量,V_s 可以表示为[103,107,204]:

$$V_s = \frac{V_L p}{p + p_L}\exp\left[-\frac{c_2}{1+c_1 p}(T - T_r)\right] \qquad (7-14)$$

式中　T_r——瓦斯吸附/解吸测试的参考温度，K；

V_L——温度 T_r 下的朗缪尔体积，m^3/kg；

p_L——温度 T_r 下的朗缪尔压力，MPa；

c_1——压力常数，MPa^{-1}；

c_2——温度常数，K^{-1}。

根据理想气体状态方程，多孔介质内的气体密度是温度及压力的函数[205]：

$$\rho_g = \frac{M_g p}{ZRT} \tag{7-15}$$

式中　M_g——气体摩尔质量，kg/mol；

Z——气体非理想状态校正系数；

R——通用气体常数，$J/(mol \cdot K)$。

研究表明，煤体孔隙率可以表示为有效应力的函数[206]：

$$\frac{\varphi}{\varphi_0} = 1 + \frac{\alpha}{\varphi_0}\Delta\varepsilon_e = 1 + \frac{\alpha}{\varphi_0}\left(\Delta\varepsilon_v + \frac{\Delta p}{K_s} - \Delta\varepsilon_s - \alpha_T\Delta T\right) \tag{7-16}$$

式中　$\Delta\varepsilon_e$——煤体总有效体积应变变化量，$\Delta\varepsilon_e$ 由四个分项组成，即总体积应变变化量（$\Delta\varepsilon_v$）、基质压缩应变变化量（$\Delta p/K_s$）、瓦斯吸附体积变变化量（$\Delta\varepsilon_s$）以及热膨胀应变变化量 $\alpha_T\Delta T$。

研究表明，煤体渗透率和孔隙率通常满足以下关系[207]：

$$k = \frac{d_e^2\varphi^3}{72(1-\varphi)^2} \tag{7-17}$$

式中　d_e——煤骨架的有效直径。

基于此，可以得到：

$$\frac{k}{k_0} = \left(\frac{\varphi}{\varphi_0}\right)^3\left(\frac{1-\varphi_0}{1-\varphi}\right)^2 \tag{7-18}$$

当煤体孔隙率远小于 1 时，$\frac{1-\varphi_0}{1-\varphi} \approx 0$，则煤体渗透率和孔隙率满足立方定律：

$$\frac{k}{k_0} = \left(\frac{\varphi}{\varphi_0}\right)^3 \tag{7-19}$$

联立式(7-12)～式(7-19)，可以得到[136]：

$$Q_m = \frac{\partial p}{\partial t}\frac{1}{T}\left[\varphi_0 + \alpha\left(\Delta\varepsilon_v + \frac{\Delta p}{K_s} - \Delta\varepsilon_s - \alpha_T\Delta T\right)\right] + \frac{p}{T}\frac{\alpha}{\varphi_0}\left(\frac{\partial\varepsilon_v}{\partial t} + \frac{1}{K_s}\frac{\partial p}{\partial t} - \right.$$

$$\left.\frac{\partial\varepsilon_s}{\partial t} - \alpha_T\frac{\partial T}{\partial t}\right) + \frac{\partial T}{\partial t}\frac{p}{T^2}\left[\varphi_0 + \alpha\left(\Delta\varepsilon_v + \frac{\Delta p}{K_s} - \Delta\varepsilon_s - \alpha_T\Delta T\right)\right] + \frac{p_s\rho_c V_L}{T_s(p + p_L)}$$

$$\exp\left[-\frac{c_2(T - T_r)}{1 + c_1 p}\right]\left\{\left[1 - \varphi_0 - \alpha\left(\Delta\varepsilon_v + \frac{\Delta p}{K_s} - \Delta\varepsilon_s - \alpha_T\Delta T\right)\right]\times\right.$$

$$\left[\frac{\partial p}{\partial t}\left(\frac{p_L}{p+p_L}+\frac{pc_1c_2(T-T_r)}{(1+c_1p)^2}\right)-\frac{\partial T}{\partial t}\frac{c_2p}{1+c_1p}\right]-\alpha p\left(\frac{\partial\varepsilon_v}{\partial t}+\frac{1}{K_s}\frac{\partial p}{\partial t}-\right.$$

$$\left.\frac{\partial\varepsilon_s}{\partial t}-\alpha_T\frac{\partial T}{\partial t}\right)\right\}-\frac{1}{\mu}\left[\frac{\partial}{\partial x}\left(\frac{pk_0}{T}\left[1+\frac{\alpha}{\varphi_0}\left(\Delta\varepsilon_v+\frac{\Delta p}{K_s}-\Delta\varepsilon_s-\alpha_T\Delta T\right)\right]^3\frac{\partial p}{\partial x}\right)+\right.$$

$$\left.\frac{\partial}{\partial y}\left(\frac{pk_0}{T}\left[1+\frac{\alpha}{\varphi_0}\left(\Delta\varepsilon_v+\frac{\Delta p}{K_s}-\Delta\varepsilon_s-\alpha_T\Delta T\right)\right]^3\frac{\partial p}{\partial y}\right)\right] \tag{7-20}$$

7.2.5 电磁-热-流-固全耦合机制

　　式(7-16)与式(7-19)中的 $\varphi(\Delta\varepsilon_e)$ 及 $k(\Delta\varepsilon_e)$ 分别为孔隙率与渗透率模型,在微波注热煤层中,该模型将各个物理场耦合起来(见图7-3),其中,电磁-热耦合是双向连续耦合,电磁辐射可以产热,而温度的改变通过更新煤体介电常数来影响其电磁响应;热-力耦合则是一个单向耦合过程,温度的改变会导致煤体的收缩/膨胀,而煤体的变形不会反过来影响温度场;热-流耦合及流-固耦合均为全耦合,煤基质变形及热力场的变化将通过改变瓦斯吸附及煤体渗透率来影响气体流动,同时,气体压力的改变会反过来影响煤体应力应变及温度场。

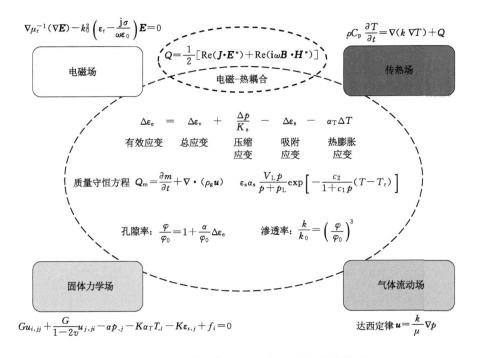

图7-3　煤层微波注热的电磁-热-流-固全耦合模型

7.3　几何模型及运算条件

　　利用 COMSOL 建立一个煤层模型(见图 7-4),模型尺寸为 20 m×6 m,模型中间布置一个瓦斯抽采钻孔(直径为 0.075 m);模型两侧布置两个微波源,将微波源简化为两个矩形波导。表 7-1 列出了模型初始条件及边界条件,表 7-2 为数值模型参数设置。

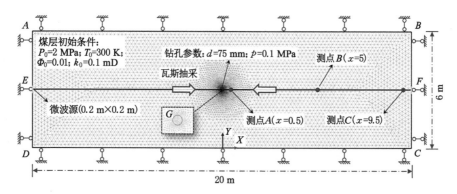

图 7-4　煤层微波注热几何模型

表 7-1　模型初始条件及边界条件

条件类型		电磁	传热	固体力学	达西流
初始条件		$\boldsymbol{E}=0$	$T=T_0$	$\boldsymbol{u}=0$	$p=p_0$
边界条件	AB	$n\times(\nabla\times(\boldsymbol{E}))-\mathrm{j}kn\times(\boldsymbol{E}\times n)=0$	$-\boldsymbol{n}\cdot\boldsymbol{q}=0$	$\boldsymbol{n}\cdot\boldsymbol{u}=0$	$-\boldsymbol{n}\cdot\rho\boldsymbol{u}=0$
	BC	$n\times(\nabla\times(\boldsymbol{E}))-\mathrm{j}kn\times(\boldsymbol{E}\times n)=0$	$-\boldsymbol{n}\cdot\boldsymbol{q}=0$	$\boldsymbol{n}\cdot\boldsymbol{u}=0$	$-\boldsymbol{n}\cdot\rho\boldsymbol{u}=0$
	CD	$n\times(\nabla\times(\boldsymbol{E}))-\mathrm{j}kn\times(\boldsymbol{E}\times n)=0$	$-\boldsymbol{n}\cdot\boldsymbol{q}=0$	$\boldsymbol{n}\cdot\boldsymbol{u}=0$	$-\boldsymbol{n}\cdot\rho\boldsymbol{u}=0$
	DA	$n\times(\nabla\times(\boldsymbol{E}))-\mathrm{j}kn\times(\boldsymbol{E}\times n)=0$	$-\boldsymbol{n}\cdot\boldsymbol{q}=0$	$\boldsymbol{n}\cdot\boldsymbol{u}=0$	$-\boldsymbol{n}\cdot\rho\boldsymbol{u}=0$
	E,F	$S=\dfrac{\displaystyle\int_{\partial\Omega}(E-E_1)\cdot E_1}{\displaystyle\int_{\partial\Omega}E_1\cdot E_1}$	$-\boldsymbol{n}\cdot\boldsymbol{q}=0$	$\boldsymbol{n}\cdot\boldsymbol{u}=0$	$-\boldsymbol{n}\cdot\rho\boldsymbol{u}=0$
	G	$n\times(\nabla\times(\boldsymbol{E}))-\mathrm{j}kn\times(\boldsymbol{E}\times n)=0$	$-\boldsymbol{n}\cdot\boldsymbol{q}=0$	Free	$p=p_s$

注:AB、BC、CD、DA 为煤层区块边界;E、F 为微波源处的矩形波导;G 为钻孔边界,见图 7-4。

表 7-2　数值模型参数设置

模拟参数	变量	数值	单位	来源
微波频率	f	2 450	MHz	给定
微波功率	P	100	W	给定
煤的介电常数	ε'	2		实验测定

表 7-2(续)

模拟参数	变量	数值	单位	来源
煤的损耗系数	ε''	0.2		实验测定
煤的导电系数	σ	0.02	S/m	实验测定
煤的密度	ρ_c	1 250	kg/m³	文献[26]
标准状态下的瓦斯密度	ρ_{gs}	0.717	kg/m³	文献[103]
煤体初始温度	T_0	300	K	给定
煤的导热系数	σ	0.478	W/(m·K)	文献[103]
煤的热膨胀系数	α_T	2.4×10^{-5}	K⁻¹	文献[103]
煤的比定压热容	c_p	1 000	J/(kg·K)	实验测定
煤的杨氏模量	E	2 713	MPa	文献[204]
煤骨架的杨氏模量	E_s	7 979	MPa	文献[204]
煤的泊松比	υ	0.339	1	文献[104]
吸附体积应变系数	α_s	0.06	kg/m³	文献[105]
煤体初始瓦斯压力	p_0	2	MPa	给定
瓦斯动力黏度	μ	1.84×10^{-5}	Pa·s	文献[105]
气体解吸测试参考温度	T_r	300	K	文献[26]
朗缪尔体积	V_L	0.043	m³/kg	实验测定
朗缪尔压力	p_L	1.57	MPa	实验测定
压力系数	c_1	0.07	MPa⁻¹	文献[105]
温度系数	c_2	0.02	K⁻¹	文献[105]
标准状态压力	p_s	0.101 325	MPa	
标准状态温度	T_s	273	K	
煤的初始孔隙率	φ_0	0.01	1	给定
煤的初始渗透率	k_0	1×10^{-19}	m²	给定

7.4　微波辐射对瓦斯储运的影响作用机制

7.4.1　微波辐射下的煤层热演化

微波辐射热效应是影响煤层瓦斯储运的根本作用源,在模拟过程中,由于电磁循环传递时间远小于热演化时间,当微波辐射煤体的瞬间即通过介质损耗作用将微波能转化为热能。电磁-热耦合将介质损耗产生的热量作为一个外部热源导入到固体传热场中,考虑到煤层顶底板及周围煤柱的封闭作用,水分蒸发散热及煤体表面对流换热可以忽略,因此,在传热场内只有介质损耗一个正热源而没有负热源。正热源产生的热量通过煤体热传导和煤中瓦斯流动伴随的热对流向周围传递,热传导是各向同性的,主要受控于煤体温差,而热对流方向与瓦斯流动方向趋于一致[26]。因此,微波注热过程中的煤层热演化是研究瓦斯储运的基础。

图 7-5 为微波注热过程中的煤层热演化的三维等温线图,微波注热前,煤层温度呈均匀分布;当波导开始激发微波时,附近煤体被迅速加热,随着时间的流逝,瓦斯在压力差的作用下不断涌向钻孔,在煤体热传导和瓦斯热对流的作用下,波导处产生的热量逐渐向钻孔方向传递;在微波注热 100 d 后,波导处的煤体温度上升到 325 K,而钻孔周围的煤体温度由 300 K 升至 305 K;随着微波注热的持续,煤层平均温度逐渐攀升而温度梯度逐渐下降;当微波注热时间达到300 d 后,钻孔周围的煤体温度稳定在 315 K 左右。微波辐射作用下的煤层热演化在影响煤体热膨胀的同时还会影响瓦斯吸附特性,这都会对流-固耦合产生极大的影响,在分析完煤层热演化后,下面分析热-流-固耦合作用机制。

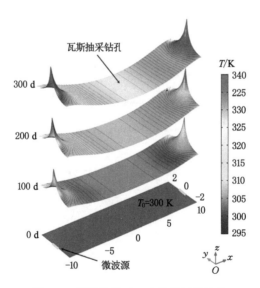

图 7-5 微波注热过程中的煤层热演化

7.4.2 热-流-固耦合效应分析

根据式(7-16),煤体孔隙率的比值与有效体积应变的变化量 $\Delta\varepsilon_e$ 成正比,而有效体积应变的变化量由四个分项组成,即:总体积应变变化量 $\Delta\varepsilon_v$,基质压缩应变变化量 $\Delta p/K_s$,瓦斯吸附体积应变变化量 $\Delta\varepsilon_s$,以及热膨胀应变变化量

$\alpha_T \Delta T$。要综合分析微波辐射煤层过程中的热-流-固耦合效应,不妨单独分析上述四个体积应变变化量对孔隙率的影响。图 7-6 描述了不同热-流-固耦合因子对煤体孔隙率的贡献,孔隙率比值为当前煤体孔隙率与原始孔隙率之比,孔隙率比值大于 1 意味着煤体孔隙率的增加。由图可知,不同热-流-固耦合因子对不同位置处的煤体孔隙率影响差异极大。

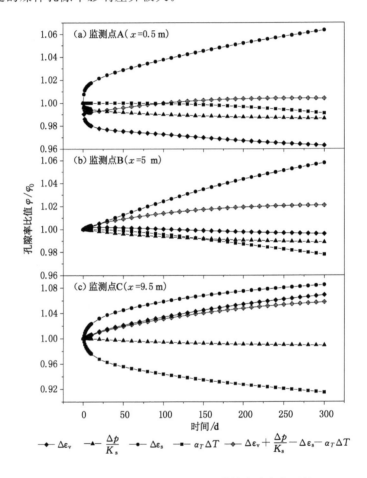

图 7-6　不同热-流-固耦合因子对煤体孔隙率的贡献

由图 7-6(a)可知,瓦斯抽采钻孔周围的煤体具有地应力低、瓦斯压力梯度大、温度梯度小的特点。有效应力变化是影响煤体孔隙率、渗透率演化最重要的因素,钻孔成孔后在周围形成卸压区,煤体地应力显著降低,有效应力降低从而导致煤体渗透率增大,钻孔壁处的煤体瞬间暴露在大气压下,由于煤体内部瓦斯压力较高(初始瓦斯压力为 2 MPa),在煤体内外形成了较大的压力差,瓦斯气体在压力差的作用下不断涌向钻孔,这会导致煤体瓦斯压力的降低从而导致有效应力出现回升而渗透率出现回落,在不采取任何卸压增透或煤层改造措施的情况下,低透煤层瓦斯抽采效率会出现迅速下降。

煤层温度变化对其孔隙率/渗透率的影响极其复杂。在瓦斯抽采初期,由于钻孔热演化尚未完成,热应变对煤体孔隙率几乎没有影响,随着时间的延长,监测点 A 处的煤体温度逐渐升高,虽然随着温度的升高煤体总是处于膨胀状态,然而由于周围煤体的位移约束产生的合应力应变会导致煤体压缩,从而降低其孔隙率,这也是很多学者认为渗透率随温度升高而降低的依据,然而,当把瓦斯吸附/解吸因素考虑到煤体孔隙率演化上时,煤体孔隙率迅速升高,这说明与煤体压缩、热膨胀因素相比,瓦斯解吸引起的基质收缩是影响煤体孔隙率演化的最重要因素,当综合考虑各因素的影响作用时,监测点 A 处的煤体孔隙率呈先减小后增大的趋势。

值得注意的是,由于钻孔周围地应力和瓦斯压力梯度较大,在瓦斯抽采初期煤体孔隙率的变化梯度也较大。对于监测点 B,由于温度较 A 点高,热膨胀应变也比 A 点大,而体积应变减小,在各热-流-固耦合因子的综合作用下,煤体孔隙率呈单调递增,值得注意的是,在煤层中部,由于瓦斯压力梯度及温度梯度较小,煤体孔隙率呈现较为平稳的演化规律。尽管在波导周围煤体温度较高导致煤体热膨胀对孔隙率的负效应较强,高温导致煤基质内的瓦斯气体大量解吸,煤基质大幅收缩导致裂隙发育而孔隙率、渗透率增大,在各因素的综合作用下,煤体孔隙率还是呈递增的变化。

7.4.3　微波辐射对煤体渗透率的改造机制

微波注热对煤体孔隙率、渗透率影响显著,而煤体渗透率是影响其瓦斯储运的关键,因此,有必要研究微波辐射对煤体渗透率的改造机制,下面对常规抽采与微波注热抽采下的渗透率演化作对比。

图 7-7 为常规抽采与微波注热抽采条件下的煤体渗透率演化规律。对于常规抽采而言[图 7-7(a)],影响煤体渗透率的因素主要有瓦斯压力和等温条件下的瓦斯吸附。在钻孔形成之前,煤体渗透率呈均匀分布,初始渗透率为 0.1 mD,当钻孔形成后,钻孔周围出现应力集中区,由于瓦斯压力迅速降低,有效应力增大,导致钻孔周围渗透率迅速减小并呈"漏斗"形分布,这种渗透率分布特征不利于后期瓦斯抽采;在距离钻孔 5 m 位置处(B),瓦斯压力的降低导致煤基质内的瓦斯解吸,基质收缩对渗透率的正效应强于有效应力减小对渗透率的负效应,因此,渗透率在抽采 100 d 后出现小幅增大(2%);随着瓦斯抽采的持续进行,在远离钻孔处煤体渗透率缓慢增大,而钻孔周围渗透率一直很低,这种渗透率的不均匀分布将严重抑制瓦斯抽采的持续性和有效性。

对于微波注热抽采而言[图 7-7(b)],影响煤体渗透率的因素除了瓦斯压力

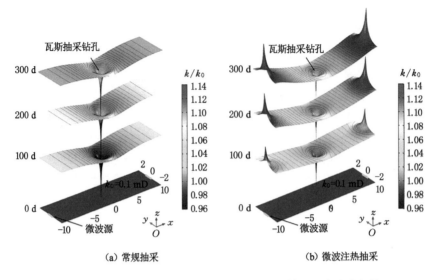

图 7-7　常规抽采与微波注热抽采条件下的煤体渗透率演化规律

外还应当考虑热膨胀和非等温条件下的瓦斯吸附。由前文分析可知,热膨胀效应会降低煤体孔隙率,而吸附变形是提高煤体孔隙率的最主要因素。由图 7-7(b)可知,微波辐射能够导致煤体渗透率剧烈演变:尽管钻孔周围渗透率依旧下降,其下降幅度及渗透率梯度却比常规抽采大幅减小;另外,波导附近的高温促使瓦斯大量解吸,从而导致该处煤体渗透率增大;与常规抽采渗透率演化规律相同的是,随着微波注热时间的延长,煤层渗透率也呈逐渐增大的趋势。

7.4.4　微波辐射对瓦斯储运的作用机制

在分析完煤体渗透率演化后,下面通过对比常规抽采与微波注热抽采的瓦斯含量变化来分析微波辐射对瓦斯储运的影响作用机制。由式(7-14)可知,煤体吸附瓦斯含量与煤体瓦斯压力、煤层温度密切相关,煤层游离瓦斯含量可以用 Mariotte 方程计算[208]:

$$V_g = \frac{\varphi p T_s}{p_s T \rho_c} \tag{7-21}$$

式中　V_g——标准状态下的游离瓦斯含量,m^3/t;

p——煤体瓦斯压力,MPa;

T——煤体温度,K;

ρ_c——煤体密度,m^3/t;

p_s——标准状态压力,MPa;

T_s——标准状态温度,K。

由式(7-14)和式(7-21)可以计算出煤层瓦斯总含量,图 7-8 为常规抽采与微波注热抽采条件下的煤体瓦斯总含量演化规律。由图可知,煤层初始瓦斯总含量为 24 m³/t,对于常规抽采,其瓦斯含量的时空演化规律[图 7-8(a)]与其渗透率演化规律相似[图 7-7(a)],在瓦斯抽采初始阶段,煤层瓦斯含量缓慢降低且含量降低区域主要集中在钻孔周围 1~2 m 范围内,而在远离钻孔处的瓦斯含量仍然较高,抽采 100 d 后,远处煤体依然保持原始瓦斯含量(24 m³/t);抽采 200 d 后,远处煤体瓦斯含量降至 21 m³/t;抽采 300 d 后,远处煤体瓦斯含量降至 18 m³/t,说明低透煤层瓦斯抽采效率极低。对于微波注热抽采,不仅钻孔周围瓦斯含量大量降低,在煤体升温区域(尤其是波导附近),热解吸效应也促使瓦斯含量大幅降低,煤体温度越高,瓦斯含量降低幅度越大;随着微波注热的持续进行,煤层瓦斯含量持续降低且瓦斯含量梯度逐渐减小,在抽采 300 d 后,煤层瓦斯含量普遍降至 6~12 m³/t,远低于同期常规抽采的瓦斯含量。

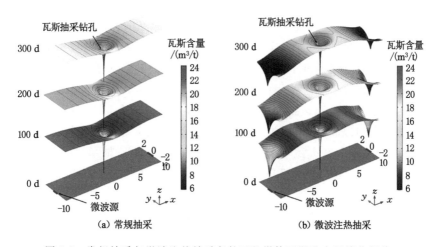

图 7-8 常规抽采与微波注热抽采条件下的煤体瓦斯总含量演化规律

图 7-9 为常规抽采与微波注热抽采条件下的煤体吸附/游离瓦斯含量演化规律,值得注意的是,煤中大部分瓦斯处于吸附状态。微波注热条件下的吸附瓦斯含量与游离瓦斯含量均显著低于同时期常规抽采的吸附瓦斯含量与游离瓦斯含量,尤其在紧邻微波波导位置处该现象更为明显;随着抽采时间的延长,这两种抽采方式造成的煤层瓦斯含量差距越来越大;在常规抽采下,吸附瓦斯含量随相对钻孔距离呈对数增长,在微波注热抽采下,随着相对钻孔距离的增大,煤层吸附瓦斯含量先迅速增大后逐渐减小;由于解吸瓦斯会不断补充入游离瓦斯内,因此,两种抽采模式下的游离瓦斯含量差距[图 7-9(a)]远小于吸附瓦斯含量差距[图 7-9(b)]。

图 7-10 给出了常规抽采和微波注热抽采下瓦斯日抽采量与累计瓦斯抽采

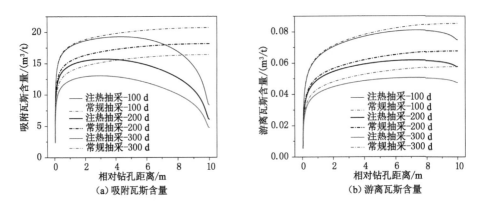

（a）吸附瓦斯含量　　　　　（b）游离瓦斯含量

图 7-9　常规抽采与微波注热抽采条件下的煤体吸附/游离瓦斯含量演化规律

量演化情况。对于两种抽采模式，瓦斯日抽采量均在抽采前 10 d 迅速升至最大值，而后缓慢下降，这可以归因于钻孔周围渗透率的降低；可以看出，微波注热能够显著提高瓦斯日抽采量，在实施微波注热后，最大瓦斯日抽采量由 12 m³/d 提高到 15 m³/d；随着抽采时间的延长，累计瓦斯抽采量逐渐增大，微波注热下的瓦斯抽采量增速显著大于常规抽采，在抽采 300 d 后，常规抽采和微波注热抽采的累计瓦斯抽采量分别达到 1 287 m³ 和 1 854 m³。图 7-10 亦给出了微波注热对瓦斯抽采率的提高率，由图可知：在抽采前 20 d，瓦斯抽采提高率出现波动，而后逐渐增大，抽采 100 d 后，累计瓦斯抽采量提高 37.8%；抽采 200 d 后，累计瓦斯抽采量提高 41.4%；抽采 300 d 后，累计瓦斯抽采量提高 43.9%。

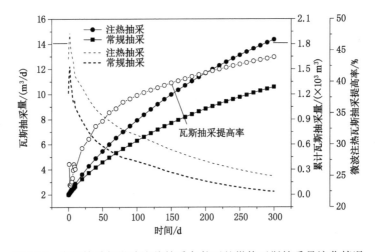

图 7-10　常规抽采与微波注热抽采条件下的煤体瓦斯抽采量演化情况

7.5 煤层微波注热增产的敏感性分析

煤层瓦斯的微波注热增产与微波频率、输入功率、煤层初始渗透率及初始瓦斯压力等因素密切相关。下面将分别对以上影响因素进行敏感性分析,进而定量分析各因素对微波辅助瓦斯抽采的影响作用,为现场应用提供理论指导。

7.5.1 微波频率影响作用分析

由于电磁波的广泛应用,为了避免其相互干扰(尤其在通信领域),国际电信联盟(ITU)对微波的工业应用频率做出限定(见表 2-1),本节将分别模拟微波频率为 915 MHz,2 450 MHz 及 5 800 MHz 下的煤层改造效果。微波频率对其能量转化机制(产热)的影响比较复杂,研究表明[125,136],微波产热功率与频率及介电损耗系数成正比,然而,煤的介电特性受温度、微波频率及含水率的影响较大,不同频率下的微波注热会引起煤体温度及含水率的改变,继而导致煤体介电特性的变化,而煤体的介电演化也会反过来控制其热效应[80,83],因此,煤层微波注热的最优频率尚待研究。图 7-11(b)、(c)和(a)分别为不同微波频率(0 MHz、915 MHz、2 450 MHz 及 5 800 MHz)下监测点 C 处的渗透率比值、温度和钻孔累计抽采量,这里的 0 MHz 表示常规抽采方式。显而易见,微波注热能够通过增大煤体的热敏渗透率来提高瓦斯产量,另外,不同微波频率下的渗透率比值、温度和钻孔累计抽采量呈现出相似的演化规律。当微波频率为 2 450 MHz 时,渗透率比值、温度和钻孔累计抽采量最大,当微波频率为 5 800 MHz 时,渗透率比值、温度和钻孔累计抽采量最小,例如抽采 300 d 后,915 MHz、2 450 MHz 及 5 800 MHz 微波频率下的监测点 C 处的温度分别升至 63 ℃、69.5 ℃ 及 51.5 ℃;与此对应的渗透率比值分别达到 1.167、1.183 及 1.128;钻孔累计抽采量分别为 1 782 m³、1 853 m³ 及 1 741 m³。这些现象说明 2 450 MHz 为煤层气微波注热增产的最佳频率。

7.5.2 微波功率影响作用分析

尽管输入功率控制下的微波热效应已经被广泛研究[200],微波功率对煤层气气-固耦合(包括瓦斯解吸与渗流)的影响还未有报道。是不是可以单纯地通过提高输入功率以增强煤层改造效力?为找到答案,设计了五种微波注热方案:20 W-600 d、40 W-300 d、60 W-200 d、80 W-150 d 及 120 W-100 d。五种方案的微波功率及微波作用时间不同,而微波输入总能量及抽采时间相同,以微波功率为 120 W 为例,首先,煤层受微波辐射 100 d,期间一直进行瓦斯抽采,微波关闭后,再继续抽采 500 d。图 7-12(b)、(c)和(a)分别揭示了不同微波功率下监测点 C 处的渗透率比值、温度和钻孔累计抽采量,这里的 0 W 表示常规抽采方式。

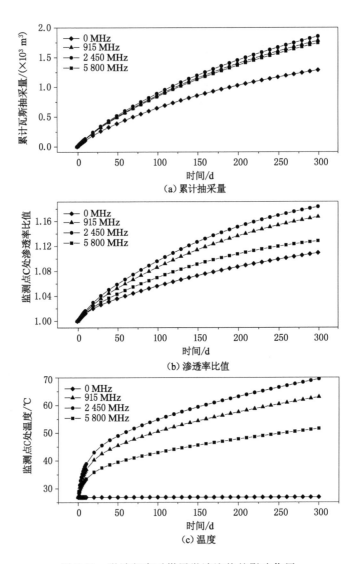

图 7-11　微波频率对煤层微波注热的影响作用

由图可知,在微波注热阶段,微波功率越大,对应的煤层温度、渗透率比值及钻孔累计抽采量越高,一旦微波源关闭,在煤体热传导的作用下,煤层温度迅速降低,渗透率比值也骤然下降,这是由于温度的降低抑制了瓦斯解吸,煤体在热膨胀因子的作用下渗透率迅速下降。尽管在微波注热阶段,钻孔累计瓦斯抽采量增速随着微波功率的增大而增大,当微波终止时,抽采量增速迅速减缓。对于五种微波注热方案,其最终累计瓦斯抽采量均趋于 $2\ 300\ m^3$,远高于常规抽采。因此,低功率连续微波注热既有利于保持较高的抽采效率,也有利于防止煤层过热。

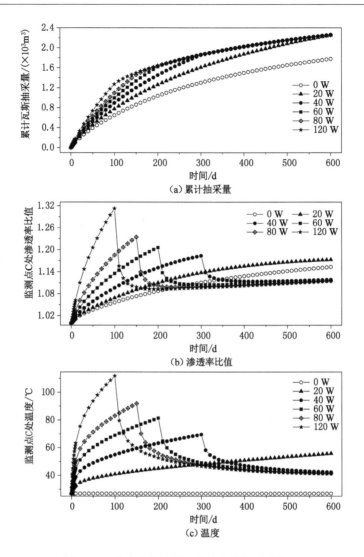

图 7-12　微波功率对煤层微波注热的影响作用

7.5.3　初始渗透率影响作用分析

图 7-13 显示了煤层初始渗透率为 0.025 mD、0.05 mD、0.1 mD 及 0.2 mD 时监测点 A、B 和 C 的渗透率比值演化规律。可以发现,煤层初始渗透率越大,微波注热煤层改造效果越显著。监测点 B 和 C 处的渗透率比值随着时间的延长单调递增,由于温度场的不同,微波波导附近(监测点 C)的渗透率值及其梯度远大于煤层中部(监测点 B);作为对比,监测点 A 处的渗透率演化规律较为复杂,纵然这四条曲线较为相似,其差异也不可忽视:随着时间的延长,监测点 A

处的渗透率先迅速减小后逐渐增大(存在拐点),不同初始渗透率下的拐点大小及其出现的时间各不相同,当初始渗透率为 0.025 mD 时,曲线没有显著的拐点,在最初的 50 d 时间内,渗透率出现降低,而后趋于稳定。提高煤层初始渗透率可以将拐点提前,当初始渗透率为 0.05 mD 时,虽然渗透率在 20 d 后开始增大,其最终值也没有超过 1。当初始渗透率从 0.1 mD 升高到 0.2 mD 时,渗透率比值在 45 d 及 100 d 后出现增大(即增透)。

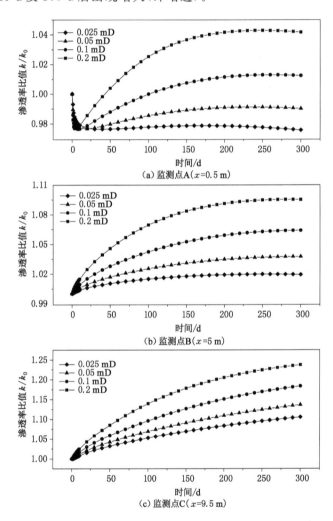

图 7-13　煤体初始渗透率对煤层微波注热的影响作用

7.5.4　初始瓦斯压力影响作用分析

煤层压力的变化主要影响煤体压缩应变,此外,也会通过改变煤层气流动特性而影响煤体热应变。图 7-14 为初始煤层瓦斯压力在 1 MPa、2 MPa、3 MPa 及 4 MPa 时监测点 A、B 和 C 的渗透率比值演化规律。可以看出初始煤层瓦斯压力越高,微波辐射下的煤体渗透率比值越大,另外,渗透率对压力改变的敏感性降低。正如 7.5.3 所分析的,监测点 A 处的渗透率比值先减小后增大。例外的是,当初始煤层瓦斯压力为 1 MPa 时,随着微波注热的进行,监测点 A 处的渗透率单调递减,监测点 B 处的渗透率保持不变,而当初始煤层瓦斯压力大于 1 MPa 时,监测点 B 处的渗透率单调递增。此外,当初始煤层瓦斯压力较低时,监测点 C 处的渗透率增长梯度较小。这些现象说明煤层的微波增透技术更适用于高瓦斯煤层。

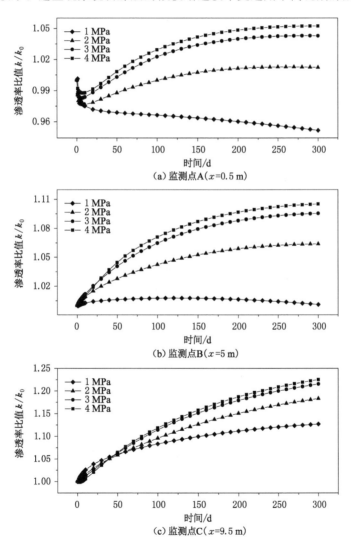

图 7-14　初始瓦斯压力对煤层微波注热的影响作用

参 考 文 献

[1] 袁亮,秦勇,程远平,等.我国煤层气矿井中-长期抽采规模情景预测[J].煤炭学报,2013,38(4):529-534.

[2] 国家统计局.能源转型持续推进节能降耗成效显著:党的十八大以来经济社会发展成就系列报告之十四[R/OL].(2022-10-08)[2022-11-01].http://www.stats.gov.cn/xxgk/jd/sjjd2020/202210/t20221008_1888971.html.

[3] 李宏军,胡予红.中国煤矿甲烷对温室气体贡献量的初步评估[J].中国煤层气,2008,5(2):15-17,10.

[4] 秦勇,袁亮,胡千庭,等.我国煤层气勘探与开发技术现状及发展方向[J].煤炭科学技术,2012,40(10):1-6.

[5] ZHOU F, XIA T, WANG X, et al. Recent developments in coal mine methane extraction and utilization in China:a review[J]. Journal of natural gas science and engineering,2016,31:437-458.

[6] CLARKSON C R,BUSTIN R M. Variation in permeability with lithotype and maceral composition of Cretaceous coals of the Canadian Cordillera [J]. International journal of coal geology,1997,33(2):135-151.

[7] BUSCH A,GENSTERBLUM Y. CBM and CO_2-ECBM related sorption processes in coal:a review[J]. International journal of coal geology,2011,87(2):49-71.

[8] 刘震,李增华,杨永良,等.水分对煤体瓦斯吸附及径向渗流影响试验研究[J].岩石力学与工程学报,2014,33(3):586-593.

[9] 林柏泉,孟杰,宁俊,等.含瓦斯煤体水力压裂动态变化特征研究[J].采矿与安全工程学报,2012,29(1):106-110.

[10] 林柏泉,张其智,沈春明,等.钻孔割缝网络化增透机制及其在底板穿层钻孔瓦斯抽采中的应用[J].煤炭学报,2012,37(9):1425-1430.

[11] 蔡峰,刘泽功,张朝举,等.高瓦斯低透气性煤层深孔预裂爆破增透数值模拟[J].煤炭学报,2007,32(5):499-503.

[12] XU C,KANG Y,YOU Z,et al. Review on formation damage mechanisms and processes in shale gas reservoir:known and to be known[J]. Journal

of natural gas science and engineering,2016,36:1208-1219.

[13] 杨新乐.低渗透煤层煤层气注热增产机理的研究[D].阜新:辽宁工程技术大学,2009.

[14] QIN L,ZHAI C,LIU S,et al. Changes in the petrophysical properties of coal subjected to liquid nitrogen freeze-thaw-A nuclear magnetic resonance investigation[J]. Fuel,2017,194:102-114.

[15] TURNER L G,STEEL K M. A study into the effect of cleat demineralisation by hydrochloric acid on the permeability of coal[J]. Journal of natural gas science and engineering,2016,36:931-942.

[16] 郭俊庆.电化学强化无烟煤瓦斯解吸渗流特性及其机理研究[D].太原:太原理工大学,2015.

[17] 季淮君,李增华,彭英健,等.煤的溶剂萃取物成分及对煤吸附甲烷特性影响[J].煤炭学报,2015,40(4):856-862.

[18] 杨宏民,冯朝阳,陈立伟.煤层注氮模拟实验中的置换-驱替效应及其转化机制分析[J].煤炭学报,2016,41(9):2246-2250.

[19] 易俊.声震法提高煤层气抽采率的机理及技术原理研究[D].重庆:重庆大学,2007.

[20] 林柏泉,闫发志,朱传杰,等.基于空气环境下的高压击穿电热致裂煤体实验研究[J].煤炭学报,2016,41(1):94-99.

[21] 张登峰,崔永君,李松庚,等.甲烷及二氧化碳在不同煤阶煤内部的吸附扩散行为[J].煤炭学报,2011,36(10):1693-1698.

[22] CAI Y D,LIU D M,LIU Z H,et al. Evolution of pore structure, submaceral composition and produced gases of two Chinese coals during thermal treatment[J]. Fuel processing technology,2017,156:298-309.

[23] SHAHTALEBI A,KHAN C,DMYTERKO A,et al. Investigation of thermal stimulation of coal seam gas fields for accelerated gas recovery [J]. Fuel,2016,180:301-313.

[24] 李志强,鲜学福,隆晴明.不同温度应力条件下煤体渗透率实验研究[J].中国矿业大学学报,2009,38(4):523-527.

[25] 杨新乐,任常在,张永利,等.低渗透煤层气注热开采热-流-固耦合数学模型及数值模拟[J].煤炭学报,2013,38(6):1044-1049.

[26] TENG T,WANG J G,GAO F,et al. Complex thermal coal-gas interactions in heat injection enhanced CBM recovery[J]. Journal of natural gas science and engineering,2016,34:1174-1190.

[27] SALMACHI A,HAGHIGHI M. Feasibility study of thermally enhanced

gas recovery of coal seam gas reservoirs using geothermal resources[J]. Energy & fuels,2012,26(8):5048-5059.

[28] 管伟明.微波加热煤储层的共轭传热模型[J].辽宁工程技术大学学报(自然科学版),2014,33(11):1447-1452.

[29] 冯磊,张世红,杨晴,等.焦煤微波干燥特性及动力学研究[J].煤炭学报, 2015,40(10):2458-2464.

[30] 王爱英.微波辐照提高褐煤成浆性能的促进机理[D].杭州:浙江大学,2012.

[31] 张博.基于微波能量与介质协同作用的细粒煤磁选脱硫机理研究[D].徐州:中国矿业大学,2015.

[32] 赵彦博.准东煤微波热解特性的初步实验研究[D].哈尔滨:哈尔滨工业大学,2014.

[33] 牟群英,李贤军.微波加热技术的应用与研究进展[J].物理,2004,33(6): 438-442.

[34] LI H,LIN B Q,CHEN Z W,et al. Evolution of coal petrophysical properties under microwave irradiation stimulation for different water saturation conditions[J]. Energy & fuels,2017,31(9):8852-8864.

[35] KUMAR H,LESTER E,KINGMAN S,et al. Inducing fractures and increasing cleat apertures in a bituminous coal under isotropic stress via application of microwave energy[J]. International journal of coal geology, 2011,88(1):75-82.

[36] LI H,LIN B,YANG W,et al. Experimental study on the petrophysical variation of different rank coals with microwave treatment [J]. International journal of coal geology,2016,154-155:82-91.

[37] CHERBAŃSKI R,RUDNIAK L. Modelling of microwave heating of water in a monomode applicator-Influence of operating conditions[J]. International journal of thermal sciences,2013,74:214-229.

[38] MARLAND S,MERCHANT A,ROWSON N. Dielectric properties of coal[J]. Fuel,2001,80(13):1839-1849.

[39] 徐樑.煤焦微波介电性能的研究[D].太原:太原理工大学,2015.

[40] 蔡川川,张明旭,闵凡飞,等.高硫炼焦煤介电性质研究[J].煤炭学报, 2013,38(9):1656-1661.

[41] FAN W,JIA C,HU W,et al. Dielectric properties of coals in the low-terahertz frequency region[J]. Fuel,2015,162:294-304.

[42] LIU H,XU L,JIN Y,et al. Effect of coal rank on structure and dielectric

properties of chars[J]. Fuel,2015,153:249-256.

[43] PENG Z,HWANG J Y,KIM B G,et al. Microwave absorption capability of high volatile bituminous coal during pyrolysis[J]. Energy & fuels, 2012,26(8):5146-5151.

[44] PICKLES C A,GAO F,KELEBEK S. Microwave drying of a low-rank sub-bituminous coal[J]. Minerals engineering,2014,62:31-42.

[45] WANG Q,ZHANG X,GU F. Investigation on interior moisture distribution inducing dielectric anisotropy of coals[J]. Fuel processing technology, 2008,89(6):633-641.

[46] MUSHTAQ F,MAT R,ANI F N. Fuel production from microwave assisted pyrolysis of coal with carbon surfaces[J]. Energy conversion and management,2016,110:142-153.

[47] ZHU J F,LIU J Z,WU J H,et al. Thin-layer drying characteristics and modeling of Ximeng lignite under microwave irradiation [J]. Fuel processing technology,2015,130:62-70.

[48] 王晴东. 基于多物理场的褐煤微波热解制气特性及机理研究[D]. 武汉:武汉科技大学,2016.

[49] SONG Z,JING C,YAO L,et al. Microwave drying performance of single-particle coal slime and energy consumption analyses[J]. Fuel processing technology,2016,143:69-78.

[50] 周凡. 褐煤微波干燥和热解提质的机理研究[D]. 杭州:浙江大学,2016.

[51] ZHOU F,CHENG J,WANG A,et al. Upgrading Chinese Shengli lignite by microwave irradiation for slurribility improvement[J]. Fuel,2015,159:909-916.

[52] GE L,ZHANG Y,WANG Z,et al. Effects of microwave irradiation treatment on physicochemical characteristics of Chinese low-rank coals [J]. Energy conversion and management,2013,71:84-91.

[53] 钮志远. 典型煤的官能团热解机理、动力学分析及影响因素研究[D]. 合肥:中国科学技术大学,2016.

[54] 方来熙. 微波热解条件下准东煤煤焦结构变化过程及其反应性研究[D]. 哈尔滨:哈尔滨工业大学,2014.

[55] 葛立超. 我国典型低品质煤提质利用及分级分质多联产的基础研究[D]. 杭州:浙江大学,2014.

[56] 董超,王恩元,晋明月,等. 微波作用对煤微观孔隙影响的研究[J]. 煤矿安全,2013,44(5):49-52.

[57] BINNER E,MEDIERO-MUNOYERRO M,HUDDLE T,et al. Factors affecting the microwave coking of coals and the implications on microwave cavity design[J]. Fuel processing technology,2014,125:8-17.

[58] SONG Z,YAO L,JING C,et al. Elucidation of the pumping effect during microwave drying of lignite [J]. Industrial & engineering chemistry research,2016,55(11):3167-3176.

[59] RONG L,SONG B,YIN W,et al. Drying behaviors of low-rank coal under negative pressure:kinetics and model[J]. Drying technology,2016,35(2): 173-181.

[60] ZHOU F,CHENG J,LIU J,et al. Improving the permittivity of Indonesian lignite with NaCl for the microwave dewatering enhancement of lignite with reduced fractal dimensions[J]. Fuel,2015,162:8-15.

[61] SHANG X,SI C,WU J,et al. Comparison of drying methods on physical and chemical properties of Shengli lignite[J]. Drying technology,2015,34 (4):454-461.

[62] 胡国忠,黄兴,许家林,等.可控微波场对煤体的孔隙结构及瓦斯吸附特性 的影响[J].煤炭学报,2015,40(增刊2):374-379.

[63] 代少华.微波辐照颗粒煤瓦斯吸附改性的实验研究[D].焦作:河南理工大 学,2015.

[64] LIU J Z,ZHU J F,CHENG J,et al. Pore structure and fractal analysis of Ximeng lignite under microwave irradiation[J]. Fuel,2015,146:41-50.

[65] MATHEWS J P,PONE J D N,MITCHELL G D,et al. High-resolution X-ray computed tomography observations of the thermal drying of lump-sized subbituminous coal[J]. Fuel processing technology,2011,92(1): 58-64.

[66] WANG Y,DJORDJEVIC N. Thermal stress FEM analysis of rock with microwave energy[J]. International journal of mineral processing,2014, 130:74-81.

[67] TOIFL M,MEISELS R,HARTLIEB P,et al. 3D numerical study on microwave induced stresses in inhomogeneous hard rocks[J]. Minerals engineering,2016,90:29-42.

[68] ALI A Y,BRADSHAW S M. Bonded-particle modelling of microwave-induced damage in ore particles[J]. Minerals engineering,2010,23(10): 780-790.

[69] 景凯歌.微波辐射对褐煤干燥及脱水煤水分复吸的影响[D].太原:太原理

工大学,2015.

[70] 温志辉,代少华,任喜超,等. 微波作用对颗粒煤瓦斯解吸规律影响的实验研究[J]. 微波学报,2015,31(6):91-96.

[71] 黄兴. 微波场作用对煤的瓦斯吸附解吸特性影响的实验研究[D]. 徐州:中国矿业大学,2015.

[72] 胡国忠,朱怡然,许家林,等. 可控源微波场强化煤体瓦斯解吸扩散的机理研究[J]. 中国矿业大学学报,2017,46(3):480-484,492.

[73] 张乐乐. 微波作用下煤层气解吸渗流规律的实验研究[D]. 阜新:辽宁工程技术大学,2015.

[74] 王志军,李宁,魏建平,等. 微波间断加载作用下煤中瓦斯解吸响应特征实验研究[J]. 中国安全生产科学技术,2017,13(4):76-80.

[75] 李春香. 微波复热米饭过程温度分布规律的研究以及传热模型的建立[D]. 无锡:江南大学,2010.

[76] RATTANADECHO P. The simulation of microwave heating of wood using a rectangular wave guide: influence of frequency and sample size [J]. Chemical engineering science,2006,61(14):4798-4811.

[77] 孙鹏,赵蕾,孙兴华. 三维微波加热腔的建模与仿真[J]. 河北北方学院学报(自然科学版),2013,29(2):22-25.

[78] 邵舒啸. 隧道式微波杀菌及热处理系统的研究[D]. 青岛:中国海洋大学,2015.

[79] 王瑞芳,王喆,徐庆,等. 随机运动导电粒子对微波腔内电场分布的影响[J]. 天津科技大学学报,2015,30(2):51-56.

[80] HONG Y D, LIN B Q, LI H, et al. Three-dimensional simulation of microwave heating coal sample with varying parameters [J]. Applied thermal engineering,2016,93:1145-1154.

[81] LIU S,FUKUOKA M,SAKAI N. A finite element model for simulating temperature distributions in rotating food during microwave heating[J]. Journal of food engineering,2013,115(1):49-62.

[82] ACEVEDO L,USóN S,UCHE J. Numerical study of cullet glass subjected to microwave heating and SiC susceptor effects. Part I: Combined electric and thermal model[J]. Energy conversion and management,2015,97:439-457.

[83] VAZ R H, PEREIRA J M C, ERVILHA A R, et al. Simulation and uncertainty quantification in high temperature microwave heating [J]. Applied thermal engineering,2014,70(1):1025-1039.

[84] SALEMA A A,AFZAL M T. Numerical simulation of heating behaviour

in biomass bed and pellets under multimode microwave system[J]. International journal of thermal sciences,2015,91:12-24.

[85] HALDER A,DATTA A K. Surface heat and mass transfer coefficients for multiphase porous media transport models with rapid evaporation[J]. Food and bioproducts processing,2012,90(3):475-490.

[86] GULATI T,ZHU H,DATTA A K. Coupled electromagnetics,multiphase transport and large deformation model for microwave drying[J]. Chemical engineering science,2016,156:206-228.

[87] BIOT M A. General solutions of equations of elasticity and consolidation for a porous material[J]. Journal of applied mechanics,1956,23:91-96.

[88] BALLA L. Mathematical modeling of methane flow in a borehole coal mining system[J]. Transport in porous media,1989,4(2):199-212.

[89] 梁冰,章梦涛,潘一山. 煤和瓦斯突出的固流耦合失稳理论[J]. 煤炭学报,1995,5(20):492-496.

[90] VALLIAPPAN S, WOHUA Z. Numerical modelling of methane gas migration in dry coal seams[J]. International journal for numerical and analytical methods in geomechanics,1996,20(8):571-593.

[91] 孙可明. 低渗透煤层气开采与注气增产流固耦合理论及其应用[D]. 阜新：辽宁工程技术大学,2004.

[92] 李祥春,郭勇义,吴世跃,等. 考虑吸附膨胀应力影响的煤层瓦斯流-固耦合渗流数学模型及数值模拟[J]. 岩石力学与工程学报,2007,26(增刊1):2743-2748.

[93] ZHU W C,LIU J,SHENG J C,et al. Analysis of coupled gas flow and deformation process with desorption and Klinkenberg effects in coal seams[J]. International journal of rock mechanics and mining sciences,2007,44(7):971-980.

[94] ZHANG H, LIU J, ELSWORTH D. How sorption-induced matrix deformation affects gas flow in coal seams:a new FE model[J]. International journal of rock mechanics and mining sciences,2008,45(8):1226-1236.

[95] WU Y,LIU J,CHEN Z,et al. A dual poroelastic model for CO_2-enhanced coalbed methane recovery[J]. International journal of coal geology,2011,86(2/3):177-189.

[96] WANG J G,KABIR A,LIU J,et al. Effects of non-Darcy flow on the performance of coal seam gas wells[J]. International journal of coal

geology,2012,93:62-74.

[97] LIU J,WANG J,CHEN Z,et al. Impact of transition from local swelling to macro swelling on the evolution of coal permeability[J]. International journal of coal geology,2011,88(1):31-40.

[98] BEAR J,CORAPCIOGLU M Y. A mathematical model for consolidation in a thermoelastic aquifer due to hot water injection or pumping[J]. Water resources research,1981,17(3):723-736.

[99] 魏长霖,齐悦. 双重介质非饱和两相流岩体热流固损伤模型研究[J]. 科学技术与工程,2012,12(11):2525-2527,2545.

[100] 卢义玉,刘小川,汤积仁,等. 热流固耦合作用下页岩渗透特性实验[J]. 重庆大学学报,2016,39(1):65-71.

[101] 韩磊. 热流固耦合模型的瓦斯抽采模拟[J]. 辽宁工程技术大学学报(自然科学版),2013,32(12):1605-1608.

[102] 陶云奇. 含瓦斯煤 THM 耦合模型及煤与瓦斯突出模拟研究[D]. 重庆:重庆大学,2009.

[103] ZHU W C,WEI C H,LIU J,et al. A model of coal-gas interaction under variable temperatures[J]. International journal of coal geology,2011,86(2/3):213-221.

[104] QU H,LIU J,CHEN Z,et al. Complex evolution of coal permeability during CO_2 injection under variable temperatures[J]. International journal of greenhouse gas control,2012,9:281-293.

[105] LI S,FAN C,HAN J,et al. A fully coupled thermal-hydraulic-mechanical model with two-phase flow for coalbed methane extraction[J]. Journal of natural gas science and engineering,2016,33:324-336.

[106] CHEN D,PAN Z,LIU J,et al. Modeling and simulation of moisture effect on gas storage and transport in coal seams[J]. Energy & fuels,2012,26(3):1695-1706.

[107] GAO F,XUE Y,GAO Y,et al. Fully coupled thermo-hydro-mechanical model for extraction of coal seam gas with slotted boreholes[J]. Journal of natural gas science and engineering,2016,31:226-235.

[108] XIA T,WANG X,ZHOU F,et al. Evolution of coal self-heating processes in longwall gob areas[J]. International journal of heat and mass transfer,2015,86:861-868.

[109] 张凤婕,吴宇,茅献彪,等. 煤层气注热开采的热-流-固耦合作用分析[J]. 采矿与安全工程学报,2012,4(29):505-510.

[110] 李志伟.低渗透煤层气注热开采及其渗透规律研究[D].太原:太原理工大学,2015.

[111] TENG T,WANG J G,GAO F,et al. A thermally sensitive permeability model for coal-gas interactions including thermal fracturing and volatilization[J]. Journal of natural gas science and engineering,2016,32:319-333.

[112] WANG H,REZAEE R,SAEEDI A,et al. Numerical modelling of microwave heating treatment for tight gas sand reservoirs[J]. Journal of petroleum science and engineering,2017,152:495-504.

[113] 崔宏达.微波加热开采煤层气解吸渗流过程数值模拟研究[D].阜新:辽宁工程技术大学,2015.

[114] 王云刚.受载煤体变形破裂微波辐射规律及其机理的基础研究[D].徐州:中国矿业大学,2008.

[115] 林群慧.微波辅助热解污泥机理与试验研究[M].北京:中国环境科学出版社,2013.

[116] 晋明月.微波对煤岩物理力学性质作用规律研究[D].徐州:中国矿业大学,2013.

[117] 崔礼生.难选冶金矿石的微波预处理[D].沈阳:东北大学,2008.

[118] 李龙之.微波辐照下生物质热解气定向转化合成气研究[D].济南:山东大学,2012.

[119] 王君.生物质微波裂解制备液体燃料的基础研究[D].淮南:安徽理工大学,2007.

[120] BUTTRESS A,JONES A,KINGMAN S. Microwave processing of cement and concrete materials-towards an industrial reality? [J]. Cement and concrete research,2015,68:112-123.

[121] 蔡川川.高有机硫炼焦煤对微波响应规律研究[D].淮南:安徽理工大学,2013.

[122] PENG Z,LIN X,LI Z,et al. Dielectric characterization of Indonesian low-rank coal for microwave processing[J]. Fuel processing technology,2017,156:171-177.

[123] 贾成艳,常天英,樊伟,等.太赫兹波穿透煤层的衰减特性[J].煤炭学报,2015,40(增刊1):298-302.

[124] 李永存.新型快速微波烧结微观机理的同步辐射在线实验研究[D].合肥:中国科学技术大学,2013.

[125] LIN B,LI H,CHEN Z,et al. Sensitivity analysis on the microwave

heating of coal: a coupled electromagnetic and heat transfer model[J]. Applied thermal engineering, 2017, 126: 949-962.

[126] 浦广益, 宋春芳, 续艳峰, 等. 食物位置对热风微波耦合加热效果的影响 [J]. 食品与生物技术学报, 2015, 34(5): 592-598.

[127] GULATI T, DATTA A K. Coupled multiphase transport, large deformation and phase transition during rice puffing [J]. Chemical engineering science, 2016, 139: 75-98.

[128] PITCHAI K, BIRLA S L, SUBBIAH J, et al. Coupled electromagnetic and heat transfer model for microwave heating in domestic ovens[J]. Journal of food engineering, 2012, 112(1-2): 100-111.

[129] CHEN J, PITCHAI K, BIRLA S, et al. Heat and mass transport during microwave heating of mashed potato in domestic oven—model development, validation, and sensitivity analysis [J]. Journal of food science, 2014, 79(10): E1991-E2004.

[130] ZHU H, GULATI T, DATTA A K, et al. Microwave drying of spheres: Coupled electromagnetics-multiphase transport modeling with experimentation. Part I: Model development and experimental methodology[J]. Food and bioproducts processing, 2015, 96: 314-325.

[131] CHEN J, PITCHAI K, BIRLA S, et al. Modeling heat and mass transport during microwave heating of frozen food rotating on a turntable[J]. Food and bioproducts processing, 2016, 99: 116-127.

[132] KUMAR C, JOARDDER M U H, FARRELL T W, et al. Multiphase porous media model for intermittent microwave convective drying(IMCD)of food[J]. International journal of thermal sciences, 2016, 104: 304-314.

[133] HALDER A, DHALL A, DATTA A K. An improved, easily implementable, porous media based model for deep-fat frying-Part I: Model development and input parameters [J]. Food and bioproducts processing, 2007, 85 (C3): 209-219.

[134] RAKESH V, DATTA A K, WALTON J H, et al. Microwave combination heating: Coupled electromagnetics- multiphase porous media modeling and MRI experimentation[J]. AIChE journal, 2012, 58(4): 1262-1278.

[135] HALDER A, DHALL A, DATTA A K. Modeling transport in porous media with phase change: Applications to food processing[J]. Journal of heat transfer-transactions of the ASME, 2011, 133 (3): 031010-1-031010-13.

[136] LI H,LIN B,YANG W,et al. A fully coupled electromagnetic-thermal-mechanical model for coalbed methane extraction with microwave heating[J]. Journal of natural gas science and engineering,2017,46：830-844.

[137] TANIKAWA W,SHIMAMOTO T. Comparison of Klinkenberg-corrected gas permeability and water permeability in sedimentary rocks [J]. International journal of rock mechanics and mining sciences,2009,46(2)：229-238.

[138] 张瑜. 华亭煤的微波辅助分级抽提的实验研究[D]. 西安：西安科技大学,2013.

[139] MATHEWS J P,CHAFFEE A L. The molecular representations of coal-A review[J]. Fuel,2012,96(1)：1-14.

[140] 张嫌妮. 煤氧化自燃微观特征及其宏观表征研究[D]. 西安：西安科技大学,2012.

[141] 冯杰,李文英,谢克昌. 傅里叶红外光谱法对煤结构的研究[J]. 中国矿业大学学报,2002,31(5)：362-366.

[142] IBARRA J,MUNOZ E,MOLINER R. FTIR study of the evolution of coal structure during the coalification process[J]. Organic geochemistry,1996,24(6)：725-735.

[143] PAINTER P C,SOBKOWIAK M,YOUTCHEFF J. FT-i. r. study of hydrogen bonding in coal[J]. Fuel,1987,66(7)：973-978.

[144] 李子文. 低阶煤的微观结构特征及其对瓦斯吸附解吸的控制机理研究[D]. 徐州：中国矿业大学,2015.

[145] 梁虎珍,王传格,曾凡桂,等. 应用红外光谱研究脱灰对伊敏褐煤结构的影响[J]. 燃料化学学报,2014,42(2)：129-137.

[146] 赵卫东. 低阶煤水热改性制浆的微观机理及燃烧特性研究[D]. 杭州：浙江大学,2009.

[147] XIN H H,WANG D M,QI X Y,et al. Structural characteristics of coal functional groups using quantum chemistry for quantification of infrared spectra[J]. Fuel processing technology,2014,118：287-295.

[148] XIA W,YANG J,LIANG C. Effect of microwave pretreatment on oxidized coal flotation[J]. Powder technology,2013,233：186-189.

[149] YU J L,LUCAS J A,WALL T F. Formation of the structure of chars during devolatilization of pulverized coal and its thermoproperties：a review[J]. Progress in energy and combustion science,2007,33(2)：

135-170.

[150] CHENG J,ZHOU F,WANG X,et al. Physicochemical properties of Indonesian lignite continuously modified in a tunnel-type microwave oven for slurribility improvement[J]. Fuel,2015,150:493-500.

[151] DAS D,DASH U,MEHER J,et al. Improving stability of concentrated coal-water slurry using mixture of a natural and synthetic surfactants [J]. Fuel processing technology,2013,113:41-51.

[152] LIU H P,CHEN T P,LI Y,et al. Temperature rise characteristics of Zhundong coal during microwave pyrolysis[J]. Fuel processing technology, 2016,148:317-323.

[153] LIN X,WANG C,IDETA K,et al. Insights into the functional group transformation of a chinese brown coal during slow pyrolysis by combining various experiments[J]. Fuel,2014,118:257-264.

[154] 马祥梅,张明旭,闫凡飞,等. 微波非热效应对有机硫化合物结构的影响 [J]. 辐射研究与辐射工艺学报,2016,34(3):030304-1-030304-7.

[155] 高飞. 构造煤微观结构与甲烷吸附相关性研究[D]. 焦作:河南理工大 学,2011.

[156] CUERVO M R,ASEDEGBEGA-NIETO E,DÍAZ E,et al. Modification of the adsorption properties of high surface area graphites by oxygen functional groups[J]. Carbon,2008,46(15):2096-2106.

[157] ZHOU F,CHENG J,LIU J,et al. Activated carbon and graphite facilitate the upgrading of Indonesian lignite with microwave irradiation for slurryability improvement[J]. Fuel,2016,170:39-48.

[158] CHENG J,WANG X,ZHOU F,et al. Physicochemical characterizations for improving the slurryability of Philippine lignite upgraded through microwave irradiation[J]. Rsc. advances,2015,5(19):14690-14696.

[159] 王宝俊,章丽娜,凌丽霞,等. 煤分子结构对煤层气吸附与扩散行为的影响 [J]. 化工学报,2016,67(6):2548-2557.

[160] SING K S W,EVERETT D H,HAUL R A W,et al. Reporting physisorption data for gas/solid systems with special reference to the determination of surface area and porosity(Recommendations 1984)[J]. Pure and applied chemistry,1985,57(4):603-619.

[161] 蔡益栋. 煤层气储层物性动态演化及对产能的影响[D]. 北京:中国地质大 学(北京),2015.

[162] 张慧. 煤孔隙的成因类型及其研究[J]. 煤炭学报,2001,26(1):40-44.

[163] 姚艳斌,刘大锰,黄文辉,等.两淮煤田煤储层孔-裂隙系统与煤层气产出性能研究[J].煤炭学报,2006,31(2):163-168.

[164] 傅雪海,秦勇,张万红,等.基于煤层气运移的煤孔隙分形分类及自然分类研究[J].科学通报,2005,50(增刊1):51-55.

[165] 桑树勋,朱炎铭,张时音,等.煤吸附气体的固气作用机理(Ⅰ)-煤孔隙结构与固气作用[J].天然气工业,2005,25(1):13-15.

[166] 谢松彬,姚艳斌,陈基瑜,等.煤储层微小孔孔隙结构的低场核磁共振研究[J].煤炭学报,2015,40(增刊1):170-176.

[167] YAO Y,LIU D,XIE S. Quantitative characterization of methane adsorption on coal using a low-field NMR relaxation method[J]. International journal of coal geology,2014,131:32-40.

[168] 邢其毅.基础有机化学[M].北京:高等教育出版社,2005.

[169] CAI Y,LIU D,PAN Z,et al. Petrophysical characterization of Chinese coal cores with heat treatment by nuclear magnetic resonance[J]. Fuel, 2013,108:292-302.

[170] YAO Y,LIU D,CHE Y,et al. Petrophysical characterization of coals by low-field nuclear magnetic resonance(NMR)[J]. Fuel, 2010, 89(7): 1371-1380.

[171] LI S,TANG D,XU H,et al. Advanced characterization of physical properties of coals with different coal structures by nuclear magnetic resonance and X-ray computed tomography [J]. Computers & geosciences,2012,48:220-227.

[172] 李恒乐.煤岩电脉冲应力波致裂增渗行为与机理[D].徐州:中国矿业大学,2015.

[173] 李贺,林柏泉,洪溢都,等.微波辐射下煤体孔裂隙结构演化特性[J].中国矿业大学学报,2017,46(6):1194-1201.

[174] 顾熠凡,王兆丰,戚灵灵.基于压汞法的软、硬煤孔隙结构差异性研究[J].煤炭科学技术,2016,44(4):64-67.

[175] CAI Y, LIU D, PAN Z, et al. Pore structure and its impact on CH_4 adsorption capacity and flow capability of bituminous and subbituminous coals from Northeast China[J]. Fuel,2013,103:258-268.

[176] XIAO D,JIANG S,THUL D,et al. Combining rate-controlled porosimetry and NMR to probe full-range pore throat structures and their evolution features in tight sands:a case study in the Songliao Basin,China[J]. Marine and petroleum geology,2017,83:111-123.

[177] SUH H S, YUN T S. Modification of capillary pressure by considering pore throat geometry with the effects of particle shape and packing features on water retention curves for uniformly graded sands [J]. Computers and geotechnics, 2018, 95: 129-136.

[178] CAI Y, LIU D, MATHEWS J P, et al. Permeability evolution in fractured coal-Combining triaxial confinement with X-ray computed tomography, acoustic emission and ultrasonic techniques [J]. International journal of coal geology, 2014, 122: 91-104.

[179] 赵志曼. 微波辐照煤矸石陶瓷砖应用基础研究[D]. 昆明: 昆明理工大学, 2006.

[180] 陈乔, 刘向君, 梁利喜, 等. 裂缝模型声波衰减系数的数值模拟[J]. 地球物理学报, 2012, 55(6): 2044-2052.

[181] LIU G, LIU Z, FENG J, et al. Experimental research on the ultrasonic attenuation mechanism of coal [J]. Journal of geophysics and engineering, 2017, 14(3): 502-512.

[182] 陈旭, 俞缙, 李宏, 等. 不同岩性及含水率的岩石声波传播规律试验研究[J]. 岩土力学, 2013, 34(9): 2527-2533.

[183] 孟召平, 刘常青, 贺小黑, 等. 煤系岩石声波速度及其影响因素实验分析[J]. 采矿与安全工程学报, 2008, 25(4): 389-393.

[184] TAHMASEBI A, YU J, HAN Y, et al. Study of chemical structure changes of Chinese lignite upon drying in superheated steam, microwave, and hot air[J]. Energy & fuels, 2012, 26(6): 3651-3660.

[185] 刘谦. 水力化措施中的水锁效应及其解除方法实验研究[D]. 徐州: 中国矿业大学, 2014.

[186] PAN Z, CONNELL L D, CAMILLERI M. Laboratory characterisation of coal reservoir permeability for primary and enhanced coalbed methane recovery[J]. International journal of coal geology, 2010, 82(3/4): 252-261.

[187] TOKUNAGA T. Physicochemical controls on absorbed water film thickness in unsaturated geological media [J]. Water resources research, 2011, 47(8): W08514.

[188] NAKAGAWA T, KOMAKI I, SAKAWA M, et al. Small angle X-ray scattering study on change of fractal property of Witbank coal with heat treatment[J]. Fuel, 2000, 79(11): 1341-1346.

[189] BAHRAMI H, REZAEE R, CLENNELL B. Water blocking damage in hydraulically fractured tight sand gas reservoirs: an example from Perth

Basin, Western Australia [J]. Journal of petroleum science and engineering,2012,88-89:100-106.

[190] CHEN D,PAN Z J,YE Z H. Dependence of gas shale fracture permeability on effective stress and reservoir pressure:Model match and insights[J]. Fuel,2015,139:383-392.

[191] 卢守青.基于等效基质尺度的煤体力学失稳及渗透性演化机制与应用[D].徐州:中国矿业大学,2016.

[192] BERA A,BABADAGLI T. Status of electromagnetic heating for enhanced heavy oil/bitumen recovery and future prospects:a review[J]. Applied energy,2015,151:206-226.

[193] HASCAKIR B,ACAR C,AKIN S. Microwave-assisted heavy oil production: an experimental approach[J]. Energy & fuels,2009,23(12):6033-6039.

[194] GREFF J,BABADAGLI T. Use of nano-metal particles as catalyst under electromagnetic heating for in-situ heavy oil recovery[J]. Journal of petroleum science and engineering,2013,112:258-265.

[195] DENNEY D. Cleaning up water blocking in gas reservoirs by microwave heating[J].Journal of petroleum technology,2007,59(4):76-81.

[196] BIENTINESI M,PETARCA L,CERUTTI A,et al. A radiofrequency/ microwave heating method for thermal heavy oil recovery based on a novel tight-shell conceptual design[J]. Journal of petroleum science and engineering,2013,107:18-30.

[197] ABDULRAHMAN M M,MERIBOUT M. Antenna array design for enhanced oil recovery under oil reservoir constraints with experimental validation[J]. Energy,2014,66:868-880.

[198] VACA P P D,OKONIEWSKI M. The application of radiofrequency heating technology for heavy oil and oil sands production[M]. Canada: Acceleware Ltd. ,2014.

[199] SRESTY G C,DEV H,SNOW R H,et al. Recovery of bitumen from tar sand deposits with the radio frequency process [J]. SPE reservoir engineering,1986,1(1):85-94.

[200] NAMAZI A B,ALLEN D G,JIA C Q. Probing microwave heating of lignocellulosic biomasses[J].Journal of analytical and applied pyrolysis, 2015,112:121-128.

[201] LIU C J,WANG G X,SANG S X,et al. Changes in pore structure of anthracite coal associated with CO_2 sequestration process[J]. Fuel,2010,

89(10):2665-2672.

[202] 刘东.煤层气开采中煤储层参数动态演化的物理模拟试验与数值模拟分析研究[D].重庆:重庆大学,2014.

[203] ZHENG C,CHEN Z,KIZIL M,et al. Characterisation of mechanics and flow fields around in-seam methane gas drainage borehole for preventing ventilation air leakage:a case study[J]. International journal of coal geology,2016,162:123-138.

[204] XIA T,ZHOU F,GAO F,et al. Simulation of coal self-heating processes in underground methane-rich coal seams[J]. International journal of coal geology,2015,141-142:1-12.

[205] ZHENG C,KIZIL M S,CHEN Z,et al. Effects of coal properties on ventilation air leakage into methane gas drainage boreholes:application of the orthogonal design[J]. Journal of natural gas science and engineering,2017,45:88-95.

[206] LIU J,CHEN Z,ELSWORTH D,et al. Interactions of multiple processes during CBM extraction:a critical review[J]. International journal of coal geology,2011,87(3-4):175-189.

[207] 刘清泉.多重应力路径下双重孔隙煤体损伤扩容及渗透性演化机制与应用[D].徐州:中国矿业大学,2015.

[208] 张淑同.煤层瓦斯含量与瓦斯压力反算关系研究[J].中国矿业,2012,21(3):116-118.